日本食品问题研究专家

增尾 清 著　张军 译

食物有毒

躲不开的食品添加剂
怎么吃
最安全

安全な食べ方

Copyrighe © 2006 Kiyoshi Masuo
Original Japanese edition published by BUNKASHA PUBLISHING Co., Ltd.
Simplifide Chinese translation rights arranged with BUNKASHA
PUBLISHING Co., Ltd.,
Simplified Chinese translation rights © 2010 by Liaoning Science and
Technology Publishing House

图书在版编目（CIP）数据

食物有毒 /（日）增尾 清著；张军译. —沈阳：辽宁科学技术出版社，2011.5
　ISBN 978-7-5381-6890-7

　Ⅰ.①食… Ⅱ.①增… ②张… Ⅲ.①食品安全-通俗读物 Ⅳ.① R155.5-49

中国版本图书馆CIP数据核字（2011）第039161号

出版发行：辽宁科学技术出版社
　　　　　（地址：沈阳市和平区十一纬路29号　邮编：110003）
印　刷　者：沈阳新华印刷厂
经　销　者：各地新华书店
幅面尺寸：168mm×236mm
印　　张：9.25
字　　数：180千字
印　　数：1~5000
出版时间：2011年5月第1版
印刷时间：2011年5月第1次印刷
责任编辑：赵敏超
封面设计：Book文轩·李绍武
版式设计：袁　舒
责任校对：李淑敏

书　　号：ISBN 978-7-5381-6890-7
定　　价：24.80元

联系电话：024-23284367　　邮购热线：024-23284502
E-mail: zmcjojo@hotmail.com
http:// www.lnkj.com.cn
本书网址：www.lnkj.cn / uri.sh / 6890

近年来控诉黑心食品添加剂的书籍掀起了一阵波澜。

然而读者们似乎只有在阅读这些书籍后才感到一阵恐慌，时间一过事情也就这样平息了。

笔者认为其中最大的一个原因，在于这些书籍并未告诉读者"既然如此，该如何是好"的诀窍。

我们可以将"既然如此，该如何是好"这句话，换个说法成为"如何与食品添加剂和平共处"，这也就成为这本书的中心思想。

首先，究竟什么是食品添加剂？面对食品添加剂所衍生出的恐慌，又该如何是好呢？

笔者在书中也收集了那些让人感到恐慌的资讯，但事实上人们根本就不需要再深入去探究到底该有多么恐慌。

接着再从目前食品生产的架构来看，若未来我们势必得与食品添加剂共处，就不能将安全饮食的责任都归在行政机关或企业身上，而必须探究为何有必要自我防护，并且设法理解那些借以自我防护的思考模式。笔者将把关于食品安全近四十年的亲身经验与上述这些内容，均呈现在第一章中。

本书的重点在于提出一些与食品添加剂和平共处的方法，因此必须拥有全面性的观点，也就是说，必须提出综合性的共处方法才行。笔者将这部分整理成包含四个阶段的系统。此外，一些基本的食品添加剂问题，也放在本书的第二章阐述，可以当做人们在面对食品添加剂时的预备知识。

等到对食品添加剂渐渐有了具体的知识概念后，第三章将说明各种加工食品在第一阶段与第二阶段的选择方法与食用方法。

即使如此，仍然无法完全确保食品添加剂不危害到我们的健康，因此，还必须进入第四段——战胜自由基的饮食法。如果已经做到这种地步，还是对健康有所疑虑，就必须进入第四阶段——打造可以自我防护的体质，也就是提升免疫力的饮食法。这些内容都收录在第四章。

最后一章则是描述与食品添加剂共处时会有什么样的实际感受，笔者将在日本各地巡回演讲时受询的问题及回答内容，收录于本章中。

本书是以与食品添加剂和平共处为主轴，相对于农药与抗菌性物质等其他也会令大众不安的因素，笔者确信书中内容对读者来说一定是更可以活用于生活中的知识。

笔者在本书最后还附录了"食品添加剂不安度简易指南"，期望读者能多加利用。

谨以本书为人们能在餐桌上的安心进餐略尽绵薄之力。

1章 食品添加剂令人恐慌的真相

建立与食品添加剂和平共处的心理准备

2 章 解读食品添加剂标示

采取四阶段措施与食品添加剂和平共处

如何透视加工食品的"食品添加剂标示"

食品添加剂标示的问题点

3章 加工食品的选择与食用方法

4章 战胜自由基，提高免疫力的饮食法

5章 "此时此刻如何是好" 食品添加剂 Q&A

附录 食品添加剂不安度简易指南

1 章

食品添加剂
令人恐慌的真相

说真的，食品添加剂究竟会有什么样的问题呢？

食品添加剂为何有问题

●市面上真的充斥黑心食品添加剂吗？

近几年来，控诉黑心食品添加剂的书籍销售比率冲破新高，成为热门的话题。

先来看看第13~15页的对照表，这是在日本非常畅销的一本食品添加剂书中列举的加工食品资料，与实际在超市出售的同名商品食品添加剂相比较制作成的表格。

一眼望去便可以发现，与这本《黑心食品书》中所摘录的包含同样数量、同样内容的食品添加剂的加工食品，其实无论如何在市面上都找不到。

为什么呢？

我们当然不能就这些少数实例立即作出判断，而必须了解这些从《黑心食品书》中摘录的加工食品目前实际上是否还持续在市面上销售？是否是很久以前畅销的商品？或是否可能其实只是虚拟的东西？

受这些书籍震撼而感到不安的读者，或许会因此认为所有市面上销售的加工食品都含有黑心的添加剂。

当然，实际上市场中的确充斥着许许多多可以用"黑心"来形容的食品添加剂，消费者购买时必须非常地注意。

不过无论如何，包含黑心食品添加剂的加工食品如今可说是已经无所不在了吧。

在这样的时代背景下，消费者更必须静下心来仔细选择食品！

鱼板

	黑心食品书 列举的添加剂		超市商品 常见的添加剂		备　注
食品添加剂名称	调味料（氨基酸等）	△	着色剂（洋红酸）	●	洋红酸，又称为胭脂红色素（Cochineal）
	磷酸钠	●			
	乳化剂	△			
	碳酸钙	○			
	山梨酸钾	●			
	pH调整剂	○			
	甘胺酸	△			
	红色3号	△			
	胭脂红色素	●			
总数	9		1		

●黑心、△要注意、○安心

泡面

	黑心食品书 列举的添加剂		超市商品 常见的添加剂		备　注
食品添加剂名称	调味料（氨基酸等）	△	调味料（氨基酸等）	△	因为不知为何需使用黏多糖体、乳化剂　　△
	磷酸盐	●	碳酸钙	○	
	黏多糖体	△	黏多糖体	△	
	碳酸钙	○	抗氧化剂	○	
	乳化剂	△	维生素B$_1$	○	
	红曲色素	○	维生素B$_2$	○	
	酸味剂	○	碱水	△	
	栀子色素	○			
	抗氧化剂	○			
	维生素B$_1$	○			
	维生素B$_2$	○			
	碱水	△			
	pH调整剂	○			
总数	13		7		

腌制食品（黄萝卜干）

	黑心食品书 列举的添加剂		超市商品 常见的添加剂		备 注	
食品添加剂名称	调味料（氨基酸等）	△	调味料（氨基酸等）	△	不确定甜菊色素是否含有	
	异抗坏血酸钠	●	酸味剂	○	不纯物质	△
	多磷酸钠	●	姜黄色素	○	非常不确定醋磺内酯钾究	
	糖精钠	△	栀子色素	○	竟安不安全	△
	瓜尔胶	○	红花黄色素	○		
	酸味剂	○	甜菊色素	△		
	山梨酸钾	●	醋磺内酯钾	△		
	黄色4号	△	香料	○		
	黄色5号	△	抗氧化剂（Vic）	○		
总数	9		9			

●黑心、△要注意、○安心

调味酱汁

	黑心食品书 列举的添加剂		超市商品 常见的添加剂		备 注
食品添加剂名称	调味料（氨基酸等）	△	调味料（氨基酸等）	△	
	酸味剂	○	黏多糖体	△	
	乳化剂	△			
	黏多糖体	△			
	甜菊色素	△			
	pH调整剂	○			
	香料	○			
总数	7		2		

寿司卷

	黑心食品书 列举的添加剂		超市商品 常见的添加剂		备 注
食品添加剂名称	调味料（氨基酸等）	△	调味料（氨基酸等）	△	不确定鱼精蛋白是否归类
	山梨酸钾	●	酸味剂	○	于　　　　　　　　　　○
	甜菊色素	△	山梨糖醇	○	
	甘草	△	甘草	○	
	酸味剂	○	红色102号	△	
	香料	○	红色106号	●	
	乳化剂	△	黄色4号	△	
	山梨糖醇	○	焦糖色素	△	
	甘胺酸		栀子色素	○	
	pH调整剂	○	红曲色素	○	
	聚离氨酸		类胡萝卜素	○	
	果胶化合物		乳化剂	△	
	鱼精蛋白	○	黏多糖体	△	
	抗氧化剂	○			
	消泡剂	○			
	凝固剂	○			
	黏多糖体	△			
	红色3号	△			
	红色106号	●			
	胭脂红色素	●			
	焦糖色素	△			
	红曲色素	○			
	栀子色素	○			
	胡萝卜素	○			
总数	24		13		

※食品添加剂

按照《中华人民共和国食品卫生法》第43条和《食品添加剂卫生管理办法》第28条，以及《食品营养强化剂卫生管理办法》第2条，中国对食品添加剂和食品强化剂分别定义为：食品添加剂是指为改善食品品质和色、香、味以及为防腐和加工工艺的需要而加入食品中的化学合成或天然物质。食品强化剂是指为增强营养成分而加入食品中的天然或者人工合成物质，属于天然营养素范围的食品添加剂。在食品加工和原料处理过程中，为使之能够顺利进行，还有可能应用某些辅助物质。这些物质本身与食品无关，如助滤、澄清、润滑、脱膜、脱色、脱皮、提取溶剂和发酵用营养剂等，它们一般应在食品成品中除去而不应成为最终食品的成分，或仅有残留。对于这类物质特称之为食品加工助剂。

●究竟什么是食品添加剂？

世界各国对食品添加剂的定义不尽相同，联合国粮农组织（FAO）和世界卫生组织（WHO）联合食品法规委员会对食品添加剂定义为：食品添加剂是有意识地一般以少量添加于食品，以改善食品的外观、风味、组织结构或贮存性质的非营养物质。按照这一定义，以增强食品营养成分为目的的食品强化剂不应该包括在食品添加剂范围内。

食品添加剂是用于改善食品品质、延长食品保存期、便于食品加工和增加食品营养成分的一类化学合成或天然物质。食品添加剂可以起到提高食品质量和营养价值，改善食品感观性质，防止食品腐败变质，延长食品保藏期，便于食品加工和提高原料利用率等作用。目前，我国有20多类、近1000种食品添加剂，如酸度调节剂、甜味剂、漂白剂、着色剂、乳化剂、增稠剂、防腐剂、营养强化剂等。可以说，所有的加工食品都含有食品添加剂。

●食品添加剂对健康的影响

食品添加剂之所以成为众所瞩目的话题，是因为人们对于"吃下去没问题吗？""对身体不会有影响吗？"等常有挥之不去的不安与疑虑，因此带头控诉这些食品是黑心食品的书，也就趁势开始流行起来。

再从实际上分析到底存在哪些问题。一般指食品添加剂会对健康造成疑虑的部分，主要有致癌性、遗传毒性、致畸形性、变异原性等。

日本政府根据动物毒性实验中的致癌性及致畸形性等试验的数据，针对

※致畸形性
造成胎儿等畸形的性质。

※变异原性
使用微生物调查添加剂对基因的影响，以及是否会突然引起变异的情形。变异原性具有隐藏性，不一定立即带有致癌性。

指定添加剂设定了"ADI"数值，其意义是"即使人类一辈子每天持续使用这些食品添加剂也不会对健康有所影响的计量"，因而制定了这些食品添加剂能用于食品的标准计量。

政府还调查了一般人通常会摄取的食用量。不过从现况来看，目前似乎尚未针对当前多种添加剂同时被使用、摄取的状况下，进行相互反应的研究实验。

此外，包装好的加工食品，基本上有义务标示所有内含添加剂的物质名称。

然而诸如微量香料或天然食品内原本就内含的酸味剂等14种物质，却只需标示其用途即可，并允许采用总括名称来标示。还有一种是可免除标示的"残留物"，这是来自调味料在成为最终食品前可以分解、中和等方式去除，最后仅剩微量的添加剂。

由此可知，我们也必须注意可能会有黑心业者循上述捷径而使用一些不被认可的添加剂。

●全世界对食品添加剂的看法不一

值得注意的是，在日本未经认可使用的部分食品添加剂，在其他国家却予以认可；相反，也有一些在日本可使用的食品添加剂，其他国家却不认可。

以下分别列举二三个范例来叙述。

17

国家不同，认可的机制也有所不同。

▶ 在日本未经认可但在其他国家受认可的食品添加剂，（　）内表示主要认可国家和地区

　　甜味剂　环己基氨基磺酸钠（Sodium cyclohexylsulfamate）（欧盟）

　　着色剂　4号（美国）

　　　　　　红色101号（欧盟）

▶ 日本认可但在其他国家却未经认可的食品添加剂，（　）内表示主要未认可国家和地区

　　防腐剂　去水醋酸钠（美国、欧盟）

　　甜味剂　甜菊（美国）

　　着色剂　红色40号（欧盟）

　　　　　　红色104号、106号（日本以外所有国家）

随着饮食形态的变化，食品添加剂也变成不可或缺的东西了！

在以往的饮食中，完全不需要这些添加剂。

食品添加剂的历史

在此，我想带领大家一起回顾食品添加剂在日本的历史。

●20世纪60年代以前　食品添加剂的黎明期

日本在1948年开始实施食品卫生法，当时决定共有60种化学物质可以作为食品添加剂用于食物中。

在那个时代，日本是世上第一个将食品添加剂以正面表列方式（意为列出可使用的）呈现的国家。

当时世上虽然已有食品添加剂的概念，但是在日本以外的其他国家，都采用"记载在此者不得使用，其余皆可使用"的负面表列方式。

到了1950年又新增213种受认可的食品添加剂品项。但即使这些食品添加剂已获同意可以使用，生产者及企业却都还未开始使用。这是因为当时日本的生产体系属于农业型，生产方式采用少量制造，销售一空后就算结束了。

至于处理食品的商店，也大多以个人商店为主，无法推行大量销售。消费者则是看到商品卖完就作罢，不会有额外的需求。

因此，无论那时致癌物质是否已被大量许可使用，人们却还都是保有健康，大概就是因为这样的原因吧。

●20世纪60年代　危险食品添加剂的横行期

进入高度经济成长期后，食品开始大量生产，当时如速食面等大量使用

※AF₂（Furylfuramide）

属于硝基呋喃类杀菌剂。由于它具有安全地对所有的食品腐败细菌进行杀菌的作用，因此在1965年获得许可用于鱼肉加工食品、馅料、豆腐等。但其后却发现，它拥有强烈的变异原性。由于以消费者团体为首发起的要求禁止使用AF₂的全国运动如火如荼，日本厚生省（相当于卫生部）遂于1974年从许可使用食品添加剂名单中剔除AF₂，并指示回收市面上所有相关产品。

※水杨酸（Salicylic acid）

它除了有解热、镇痛的效果外，还具有抗关节疼痛、预防尿结石产生等作用，是与阿司匹林相同作用的医疗用药。日本于1880年将其用于饮/食品，1903年之后用做酒类防腐剂，但后来受到世界卫生组织（WHO）劝告及舆论反对运动等影响，遂于1969年全面禁止使用。

添加剂的食品也开始普及。

其中如豆腐等的杀菌剂AF₂、酒类的防腐剂水杨酸、人工甜味剂对乙氧基苯脲（1968年禁止）、环己基氨基磺酸钠（1969年禁止）等，都在还不知道危害健康的情况下，就被人们吃下肚了。

我当时正处于35~44岁的年龄段，是最需要辛勤工作的时期。工作后喜欢来一份"冷豆腐配啤酒"，总令我感到快乐似神仙。由于豆腐容易腐坏，因此，当时的豆腐业者都是用国家许可的食品添加剂——杀菌剂AF₂，后来大家才知道，这是全世界最强的致癌物质。

各位读者应该都有过这样的经验吧！从冰箱里拿出豆腐一看，发现浸渍豆腐的水是黄色的！人们所看到的黄色其实就是AF₂的颜色。

我原本认为颜色越黄越好，将那当做就是大豆的颜色，想着颜色越黄表示应该越可能是真正的豆腐。人类的舌头（口感）也真是靠不住的东西啊！当时以为是真的豆腐，还觉得非常美味呢！

此外，当时的酒类产品也全都加了经由国家认证许可的防腐剂水杨酸等食品添加剂。添加这种化学物质，是为了预防使酒类变酸的食果糖乳杆菌（或称火落菌）产生，但在治香港脚的特效药中也能见到它的存在。

即使是今日我们去药房买治香港脚的特效药，看看其包装上的成分标示，仍印有水杨酸等文字。在昔日可是全部都添加在酒类产品里的！

当时我们的胃里并没有香港脚细菌，但却硬是将水杨酸给喝进肚里，还吃了全世界最强的致癌物质AF₂。

还有，我喝完酒后，通常会想再吃上一碗速食面。

虽然到了今天，这些饮品、食品已经算是相当安全了，但在那个年代的速食面中，快有10种以上的食品添加剂，特别是其中3种到现在仍有致癌的疑虑，分别是拉面中已禁止使用的抗氧化剂BHT、保湿剂丙二醇等，不过这些全部都稀里呼噜被我吃下肚了。

因此，我可能比别人多吃进好几倍的致癌物质呢！

当然，别人或许也吃下了不少具有致癌性的食品添加剂。

这么说来，究竟何时会罹患癌症呢？我至今仍然担心得不得了。还好老天保佑目前还没有癌症的迹象，也还算是相当健康。

我经常在想，这究竟是为什么呢？而这也是我欲写本书的契机。

●20世纪70年代 消费者运动风起云涌

到了这时期，食品添加剂等带来的健康危害成为大众关切的问题，消费者运动开始沸腾。致癌性疑虑极高的杀菌剂AF₂，以及防腐剂水杨酸、人工合成着色剂红色103号等，终于遭到政府明令禁止使用。

此外，在这段时期，随着食品添加剂使用率逐渐扩大，由于屈服来自美国的压力，日本政府也认可了防霉剂如OPP、TBZ等的使用。

●20世纪80年代 消费者运动持续火热，食品添加剂危害健康

除了禁止的食品添加剂以外，在此时期还是用了许多被怀疑对健康有危害的食品添加剂。

例如广泛使用当做人工着色剂的红色2号，以及鱼肉加工食品等常用的杀菌剂过氧化氢（有条件下使用），抗氧化剂BHT及BHA，还有用以维持水饺皮及即食拉面品质的丙二醇（Propylene Glycol，简称PG）等，无论消费者

运动如何强烈恳请政府能禁止使用这些食品添加剂，却依然广泛地添加于市售食品中。

此外，若谈到这时期如何标示食品添加剂，其实也只有以合成添加剂为主的78种品项，亦即占整体合成添加剂的22%有标示的义务。

●20世纪90年代 通货紧缩与食品添加剂大量使用

这一阶段由于经济泡沫化，进入通货紧缩的时代，食品也演变为低价格时代，因此业者企图借食品添加剂来掩饰低落的食品品质。原本以为食品添加剂的使用率正要开始削减，没想到反而却被更大量地使用。

然而原则上自1991年起，即针对添加剂名称全面实施产品添加剂标识制度，消费者运动也对此抱有强烈的期望。在此时期虽然对于部分食品添加剂仍有疑虑，但是却一直都持续使用，例如品质改良剂臭氧酸钾、抗氧化剂BHT及BHA、维持食物品质的丙二醇（部分食品），后来皆由企业自主性地停止使用。

不过，其他带有安全疑虑的添加剂在这时期仍然使用，包括人工着色剂红色104号及106号、胭脂红色素、防腐剂山梨酸钾、人工甜味剂糖精及阿斯巴甜、保色剂亚硝酸盐、结着剂以及作为品质改良剂的磷酸盐等。

●21世纪以来许多不当使用、伪造标示等问题尚未解决

经济泡沫化夹带而来的是企业伦理崩溃，以及因为食品伪造标示等事件造成消费者对产品的信心跌至谷底，因而产生了许多食品添加剂的问题。

例如，将一些未受认可的食品添加剂加入肉包、香料含有未经认可的添加剂，以及糕点使用防腐剂山梨酸等问题。

　　今后虽然政府仍会持续修改食品相关法律及制度，但我们仍可预测，未来一定还会持续发生与食品添加剂相关的违法问题。

添加剂等相关事件验证

　　我们首先从1969年爆发的"金味油症事件"开始，再看到2002年使用未经许可的食品添加剂的肉包事件，以及生产含有未经认可添加剂的香料事件为止，了解这34年来，企业、行政机关的体制究竟有什么样的变化？（在此提及2002年的时间，目的并不是为了要抨击那两家公司，因此本书中回避了它们的真实名称）

●金味油症事件是怎么一回事？

　　1968年夏天，日本发生严重且悲惨的健康危害事件。当时以日本九州为中心的西日本一带居民，许多人突然在脸上、背部等多处长出无数类似粉刺的凸起物，而且出现指甲变黑、严重下痢、全身感觉非常疲劳的现象，最后甚至死亡。这事件总共造成17 000多名受害者，其中80位以上因此死亡。

　　后来发现，原因在于病患使用的米糠油中混入多氯联苯（PCB）。一家名为金味仓库的公司在制造米糠油时，在脱臭过程中不慎让当做热媒的多氯联苯混入米糠油里。

　　该制油过程是先让多氯联苯通过螺旋形泵将米糠油加热后再进行脱臭。此时，泵上会随着数个空的孔穴而改变大小，因而不幸造成多氯联苯流入米糠油中。

　　泵的孔穴之所以变大，原因在于金味仓库公司想要增加米糠油的产量，因此，不断加盖脱臭塔。原本就设计上来说，规定两座脱臭塔必须对应一座加热炉。然而金味仓库公司只打算加盖第三座及第四座脱臭塔，却不想再增建加热炉，因此若想加热第三座、第四座脱臭塔，另外两座脱臭塔就必须一起提高多氯联苯的加热温度。如此一来，泵的孔穴所需承受的负荷就会变大。

当时制造贩卖当做食用油脂制程用脱臭热媒的多氯联苯的是K科学公司。该公司不顾已知的多氯联苯有害性，为了提高销售量，只再三强调多氯联苯的安全性，对其有害性却轻描淡写地带过。

虽然该公司营业部门指称是公司内部的问题，但公司高层却未提出任何的回应对策，甚至还回应"大约五年前就已发现违法，但仍持续制造"这样的说法。

受该公司制造的违法香料所波及的商品共有448种产品，而且使用该香料的食品范围相当广泛，包含糕点、冰品、饮料等琳琅满目。

食品添加剂的危险性

●为何与食品添加剂相关的书会周期性热卖?

以黑心食材为题材的书,有多本一经出版就受到读者热捧,部分并进入热门销售排行榜。

打头阵的是《综合污染》(复合污染)(1975年),接下来是《恐怖食品一千种》(恐ろしい食品一〇〇〇)(1983年)。至于《饱食的预言》(飽食の予言)(1988年)及《四十一岁寿命论》(41歳寿命説)(1990年)等书,虽然并未登上热销排行榜,但都成为一时的热门话题。

之后沉寂了一阵子,直到《不能买》(買ってはいけない)(1999年)一书的出版,突然登上了热销排行榜。

当时《文春周刊》杂志以"20年前也有一本类似《不能买》的书"为题大做文章,由于其中也访问到我的意见,因此在此稍作引述。

"《不能买》一书目前看来虽然畅销,但其实内容谈的并非新主题。以前在热销排行榜上也曾有出现一本内容几乎雷同的书,在我看来,简直就是模仿那本书嘛!年龄在50岁以上的读者若还记得《恐怖食品一千种》这本书,就会觉得怎么同样的内容又重新抄了一遍,但是,这本书却在如今的年轻时代以及对当年那本书已无记忆的人们之间引起了大骚动。"。

时隔3年,《不能吃!危险》(食べるな危険)(2002年)一书也登上了热门销售排行榜。又过3年,则是由《恐怖的食品添加剂》(2005年)一书再起风潮。

若从这些书出版的过程来思考,它们究竟为何能反复地掀起黑心食品书旋风呢？

虽然每本书都会写到"××很恐怖"，但却几乎没有哪本能针对"既然如此，该如何是好"提出具体的回应对策。这些书除了在读者之间引起大幅度骚动外，是不是根本未在饮食方面令大众获得一些有用的建议呢？其实我并不认同，只能让读者们针对这些食品留下一些潜在的不安感。

●食品添加剂的标示规定太宽松

引起消费者不安的因素，不仅是食品添加剂存在的事实。令人不安的其中一项重点，是出在产品标示规定上。

首先是以总括名称标示的问题。原则上食品制造商有义务将食品添加剂中所有内含的物质名称全部标示，但却因为总括名称方法的规定而有例外情形产生。

食品添加剂是由多种物质组合而成，因此必须个别标示其最基本的成分。如28页就列出14种以用途名称代替物质名称的食品添加剂。

例如口香糖，其软化剂中包含被视为会危害健康的食品添加剂丙二醇（Propyene Glycol，简称PG），因而食用时不免令人心生疑虑。

此外，调味料（Carry over添加剂）方面也令人担心。由于"使用于原材料的食品添加剂不需要标示"，因此调味料在标示规定上是例外情况。

举例来说，即使在当做鱼板原材料（鱼浆）的鱼体内掺入了食品添加剂——磷酸盐（品质改良剂），这类添加剂专家证实可能会影响人的骨骼构成以及抑制人体对铁质的吸收，但是磷酸盐却不需要列于鱼板产品标示上。

添加剂的总括名称与实例

总括名称	使用目的	实例
酵母食品	在面包、糕饼等制作过程中当做酵母的营养来源	●氯化铵 ●硝酸铵
口香糖原料	口香糖的基本材料	●脂胶 ●树胶 ●醋酸乙烯
碱水	制作中式面条的碱性剂	●碳酸钠（结晶） ●碳酸氢钠
苦味剂	添加苦味以提升或改善味觉	●咖啡因（萃取物） ●龙胆萃取物
酵素	当做触媒，让食品到成为最终产品为止都不会丧失其活性的有效酵素	●α–淀粉酶 ●过氧化氢酶 ●木瓜酵素
光泽剂	保护食品，并使食品表面呈现光泽感	●纤维素 ●石蜡 ●虫胶
香料或合成香料（*1）	给予或增加香味	●乙醋乙酸乙酯 ●异硫氰酸烯丙酯 ●洋葱香料
酸味剂	添加酸味以提升或改善味觉	●亚甲基丁二酸 ●琥珀酸 ●植酸
软化剂	维持口香糖弹性	●丙二醇 ●甘油
调味料 （调味料种类以括号方式书写）（*2）	添加或调整味道等，提升或改善味觉。不包含甜味剂、苦味料及酸味料	●L–左旋脯氨酸 ●5'–肌苷酸 ●琥珀酸
豆腐用凝固剂或凝固剂	凝固豆乳	●氯化钙 ●氯化镁
乳化剂	乳化、打散、浸泡、起泡、消泡、助溶等	●脂肪酸甘油酯 ●大豆卵磷脂 ●大豆配糖体
pH调整剂	保持适当的pH范围	●己二酸 ●柠檬酸 ●碳酸氢钠
膨胀剂、发酵粉、烘焙粉	在面包、糕饼等制作过程中产生气体，使面团膨胀并产生多孔状态	●L–抗坏血酸 ●碳酸氢钠 ●硫酸铝钾

*1仅用于化学合成品时，可标示为"合成香料"。

*2根据调味料种类（氨基酸、核酸、有机酸、无机盐）可添加（ ）来表示。

其次，黏多糖类（并非可总括标示的添加剂）同样令人不安。虽然使用了多种增稠剂，却只要统一以"黏多糖类"标示就好，并不需要标示出个别名称。

这种情况之所以会造成疑虑，是因为即使其中使用到可能有致癌风险的食品添加剂——卡拉胶，但由于未标示，消费者也将完全不知道。

● 多种食品添加剂造成的"复数毒性"恐慌

我们每天都在摄取数十种食品添加剂到体内。然而，针对食品添加剂安全性的确认实验在现阶段却只有进行到单一食品添加剂的实验阶段，目前几乎极少进行所谓"复数毒性"的实验。

即使只有进行极少数的实验，但已经发现好几个可能具有食品添加剂复数毒性的问题。

▶ 保色剂亚硝酸盐与鱼肉本身所含天然成分的复合毒性

鱼肉含有的天然成分（特别是鲑鱼卵与鳕鱼子中高剂量的二甲基胺）若与亚硝酸盐加在一起，恐怕会产生致癌性物质——亚硝胺。

▶ 防腐剂山梨酸与亚硝酸盐的复合毒性

食用肉制品等多种食品中使用的防腐剂山梨酸，若与食用肉制品中常用的保色剂亚硝酸盐加在一起，并在酸性状态下加热（山梨酸必须在酸性状态下才会发生作用），恐怕会产生致变异性物质等具有致癌可能的物质。

▶ 防腐剂对羟基苯甲酸酯类与亚硝酸盐的复合毒性

酱油、酱料、清凉饮料等使用的防腐剂——对羟基苯甲酸酯类，若与保色剂亚硝酸盐一起放在紫外线下发硬，恐怕会产生变异原性物质。

▶防霉剂OPP与咖啡因的复合毒性

国外进口的柠檬酸等柑橘类水果上使用的防霉剂OPP，若与咖啡加在一起，恐怕会产生变异原性物质。

▶对复数煤焦色素的毒性增强感到不安

煤焦色素与其他煤焦类色素混合使用时，其毒性会比单独使用时的毒性来得更为强大。

以上列举了几则已知的食品添加剂复合毒性实例。但日常生活中，食品添加剂、残留农药、大气污染物质、水污染物质等总不可避免地会进入人体内，然而，除了刚刚提及的实例之外，目前相关单位并没有针对当这些化学物质一起聚集在体内时会产生哪些影响，进行调查研究。

而且这方面的调查非常困难，因此，我们似乎得有所觉悟，这种不安与恐慌只怕会不断地持续下去。

●食品添加剂与癌症的关系

如果是对食品添加剂略有研究的读者，一定会有这样的疑问："为什么同一种添加剂却有两种说法，其中一种说是安全的，另一种却说会有问题？"

其原因之一在于如今致癌过程已经一点一点地被解密了，因此对于食品添加剂的致癌性的观点，也会因此与以往的认知有所不同。

首先关于细胞癌化，是由于正常细胞的基因受损所引起的。这种会损伤基因的物质，称为致癌起始因子或癌症诱发物。

与前者不同的另一种则是提高受损细胞基因的活性使细胞进一步癌化的

※自由基

自由基是会让酵素内的电子结构改变并强化其氧化能力的物质。它虽然会帮忙抵抗侵入体内的细菌等外来敌人，但如果量太多，可能造成细胞或基因氧化而损伤，反而成为多种疾病（癌症、脑中风、狭心症）的来源，也是斑点、皱纹生成的原因。

物质，称为致癌促进因子或癌促进物。

诱发与促进两种作用共同完成癌化的过程。

致癌物质的两种作用
——诱发与促进——

细胞核
细胞膜

癌诱发物

细胞核中某个罹癌基因开始活动

癌促进物

成为癌细胞

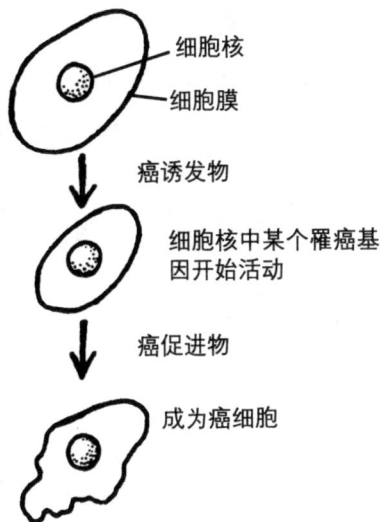

虽然强力的致癌物质同时拥有上述两种作用，但根据物质不同，有些可能只是具有单一的作用。举例来说，假设有一种含有癌促进物的食品，虽然并未经常性或持续性的大量食用，然而只要有微小的量，或只要稍微多吃一点，甚至是偶尔一尝的程度，就得担心会有致癌的可能。

从这样的概念来看，当我们发现食品添加剂具有致癌性时，如果是带有癌诱发物的食品添加剂（如杀菌剂AF$_2$，目前已禁止使用），在食用上就会有安全疑虑；然而若是带有癌促进物的食品添加剂（如当做甜味剂的糖精及抗氧化剂BHT等），虽然会因为摄取量而在致癌程度上有差异，但也不能就认为可以比带有癌诱发物的食品添加剂稍微安心。

目前虽然了解致癌物质的两个作用，但其实知道了也会影响我们对食品添加剂的判断。以往被视为非常危险的食物，也许深入了解后就会变得没那么可怕了。

再加上进行致癌性实验的动物，因为身体系统有别，也可能导致致癌性评估出现偏差。还有病理学家对致癌症状的观察差异，也会造成一种食品添

既然如此，不能完全禁止使用食品添加剂吗？

加剂同时拥有正面和负面的评价。

例如我们虽然知道某种添加剂具有致癌性，但一般来说仍会希望能以量化方式来了解"究竟致癌性有多强"，因此近年来专家也开始测量食品内含致癌物质的强度与剂量。

虽然未来相关人员将会针对食品添加剂的致癌性不断进行安全性实验，然而这些实验若持续有误差，或许就永远得不到定论吧！

当然，即使目前对于食品添加剂的安全性与危险性仍有不确定性，事实上食品添加剂一旦进入体内就视为是异物了。其中的道理在于不论食品添加剂是大是小，都有可能与会产生健康危害的自由基有关联！

在此分别举出两种食品添加剂的危险与安全的资讯为例，并制作成表格（参见第34页）来说明！

●能完全消灭食品添加剂吗？

若是有这些令人感到不安的因素存在，或许的确应该思考是否不要使用食品添加剂较好。

然而要将食品添加剂完全消灭，其实是十分困难的事。特别是如果从以下两点来探讨，大家应该会觉得完全消灭食品添加剂是不可能的事！

① 既然所有的学者及研究人员都认为使用食品添加剂并不是个问题，那么一般大众也大多认为无须禁止使用食品添加剂。

② 目前是由大型食品制造商垄断市场，他们制造的加工食品遍布全国，甚至是世界各地，并持续以大量生产、大量流通、大量销售等方式当做武器，以进行激烈的市场占有率争夺战。

在市场占有率争夺战中，如何让成本更低廉成为市场胜负的关键，因此便宜且大量制造的食品添加剂就巧妙地用于食品中，并销售到各地。

在如此的背景之下，市售食品皆遵循成本至上主义，大量流通的方式蔚然成风，食品添加剂根本不可能消失。

因此我们消费者的首要工作，就是每人都得和食品添加剂和平共处，努力做好自我防卫的工作。

最重要的就是在确保饮食安全的同时，还必须整合众人的力量一起推动食品添加剂减量运动。

● 红色106号

　　樱花虾、红姜等所使用的红色酸性煤焦类色素具有遗传毒性、变异原性、恐使染色体发生异常（致癌的疑虑）。由于其带有致癌性，因此被日本以外的国家禁止使用。

《安全资讯》
　　由于使用上不被各国所认可，就被视为"禁止使用的着色剂"，但实际上却是因为红色106号并非其他各国所必要使用的着色剂。因此，其实根本没有经过毒性实验就作出了这样的判断。
　　虽然在其他国家不被允许使用，但是因为没有经过毒性实验的判断，因此不应该就这样被禁止。另一方面，日本即针对红色106号进行了毒性实验，实验结果显示完全没有异常，即使在毒性实验中投入高剂量，实验结果也判定其完全没有致癌性。

● 亚硝酸盐

《不安资讯》
　　使用于火腿、香肠、鳕鱼子等保色剂上的亚硝酸盐，可能带有变异原性的疑虑，特别是会与鱼类本身所含有的高剂量的二甲基胺反应而产生强烈的致癌性物质——亚硝胺。
　　此外，除了保色剂效果之外，也期待亚硝酸盐能有预防肉毒杆菌中毒等的防腐剂效果，然而在有效剂量方面尚缺乏数据资料，完全没有根据。

《安全资讯》
　　过去，欧洲国家会使用岩盐来保存肉类，并且发现岩盐中所含有的硝酸盐会变化成亚硝酸盐，除了可以让肉类的颜色变好看之外，还可以提升其保存时间。
　　我们知道白萝卜、白菜中含有大量的硝酸盐，在食用时我们的唾液就会将硝酸盐转换为亚硝酸盐。话虽如此，却没有出现亚硝胺的致癌性问题，这是因为素材中含有可抑制亚硝胺变化的维生素C。此外，实验报告中也显示亚硝酸盐并没有致癌的可能。即使是在慢性毒性实验中，也没有被检出特别不被认可的异常情形。
　　亚硝酸盐除了具有保色效果外，似乎还具有防止肉毒杆菌食物中毒的效果，因此从很久以前就广泛地被世界各国所使用。

既然食品添加剂无法
百分之百完全消失,
如何与它们和平共处
就是相当重要的事!

建立与食品添加剂和平共处的心理准备

接下来就进入所有人皆得与食品添加剂和平共处的时代。每个人不能只是静待行政机关与企业的努力,而必须充分理解自我防护的重要性。

在此,笔者基于长期所累积的经验,整理出一些与食品添加剂和平共处的生活秘诀。这些看似简单但执行起来或许有些困难的秘诀,请各位务必活用于自己的日常生活中。

●重点是能让身体感受到"恰到好处"的平衡

如果我们想着"若不这样就会……"反而绑手绑脚,日常饮食也变得辛苦且了无生趣。

但是,当我们从更广泛的观点来思考"有这种方法,也会有那种方法"时,反而能恰当地排除食品添加剂产生的危害。接下来就让我们举几个范例来说明吧!

范例1 **香蕉曾浸过一些添加剂,不能吃吗?**

有人会因为"担心香蕉浸过防霉剂,不敢给小朋友吃"。我只能说这些人的信息还真是灵通!然而他们其实只是因为看到香蕉皮上含有防霉剂的数值,就觉得"这些东西很危险"。

实际上只要剥除香蕉皮,防霉剂的含量就会大幅下降。再者,只要将香蕉的根部切除1厘米左右,几乎就能消除不安了。

或是将香蕉与苹果一起打成果汁,也是相当聪明的方法。苹果富有食物纤维——果胶,能吸附防霉剂,并将其排出体外。

范例 2 櫻桃上残留农药令人不安，所以就不能吃吗？

有人会因为担心櫻桃上残留的农药而选择不食用。然而我们仔细想一想，残留农药之所以会达到危害健康的程度，其实是因为大量食用櫻桃的关系。而且櫻桃是一种高级水果，在你还未食用到危害健康的地步，钱包可能已经先吃不消了。

也就是说，一年吃一两次，以品尝季节美味的心情来食用櫻桃，完全没有问题！

范例 3 应该选用不含抗菌剂的鸡蛋吗？

有些人会为了购买不含抗菌物质的笨鸡蛋，特地开车从交通混乱的城市到遥远的郊区去挑选。

我们若能食用不含抗菌物质的笨鸡蛋，或许确实能降低罹患肝癌等疾病的风险，但说不定反而在开车过程中因为吸入排放的汽车废气而罹癌。

在此我想表达的重点是，人们很可能因为想在某一点上达到完美的境界，却疏漏掉其他部分。所以有时宁可不要坚持百分之百，反而比较妥当。

如果从食品添加剂来看维护饮食安全的要件，其实并非选择方法完美就表示完全没问题。还必须强化食用的技巧，以及身体本身拥有的解毒作用。再者，打造能抵抗这些有害物质的体质才是最重要的事。

从各个面向多管齐下，就可以产生综合效果。反过来说，无论如何，"恰如其分"才能让身体达到平衡的状态。

● 重点是必须持续进行对添加剂的应对策略

无论多么了不起的方法，若不能持续就毫无意义。如果你总是追求百分

以正面方式思考，首先从自己做得到的部分着手吧。

长期且持续进行也很重要哦！

之百对身体好的东西，或许没多久就会感到疲劳而且厌倦了吧。

自从日本地铁发生毒气攻击事件后，我只要外出，必定会携带一条浸过水的湿润手帕。因为几乎所有的有害物质都可溶于水，湿润的手帕能预防吸入有害物质。只要车站等公共场所一有异味产生，就要立刻以湿润的手帕掩住口鼻后逃离现场。

每当我在演讲时提到这件事，往往有人反应："不是没有防毒面具就无法防范吗？"但我们可能经常携带防毒面具在街上行走吗？若真能随身携带一个防毒面具，持续上半年就算相当了不起了！

针对此点，一条湿润的手帕就很有用，即使没有任何意外发生，还能拿来擦手。将湿润的手帕放入包里随身携带是很容易养成的习惯。

学习一些自己能做到的部分，不勉强，能持续执行，这才是重点。每一件事都是如此。

正因为我们每天都会遇到食品的问题，因此更应该要持之以恒地去面对与应对。

●不要累积压力，笑一笑保持健康

我身边有多位投注心力于食品安全因应对策的学者、研究人员及评论家。由于他们都非常重视自己的饮食生活，因此大家一定都会很长寿吧！我们可以将长寿的人与不长寿的人做一个比较。

不过，先来思考一下，是不是爱"笑"的人都比较长寿呢？这里所谓的笑，并非抿嘴一笑那种皮肉的笑，而是要张大嘴、发自内心的笑。

食品安全回应对策当然非常重要，但若因为食品安全而太过神经质，反而累积许多压力。若是忘了要笑一笑，根本就不可能会健康长寿吧！

　　我们若"不了解"食物究竟对身体产生什么作用，确实会是相当危险的一件事，但是若知识有所偏差而太过在意，也并非是好事。一旦我们了解食品的应对策略后，就要能经常面带笑容且以适当的方法去实践。

　　本书也是朝着这个目标在努力。

　　接着要进入下一章了，就让我们试着来寻找与食品添加剂和平共处的秘诀吧！

2章

解读食品添加剂标示

采取四阶段措施与食品添加剂和平共处

●为了拥有更安全、更安心的饮食

若是食品添加剂能有"这样做就百分之百安心"的应对方法，那就什么问题都没有了吧。

激进一点说，"不吃"或许是最好的方法，然而我们必须持续在一般社会中生活，"不吃"根本是不可能的事。

此外，在一些演讲会等场合中常听到这种说法："若是企业与行政机关能更加把劲，消费者应该就能随时买到安全的加工食品了。"

当然，行政机关与企业各尽其职，的确是必要且不可或缺的。

不过在现实生活中，大家根本不可能苦等他们提出对策略。

那究竟该如何做才好呢?

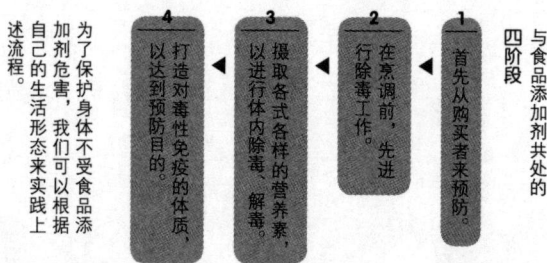

与食品添加剂共处的四阶段

1 首先从购买者来预防。

2 在烹调前，先进行除毒工作。

3 摄取各式各样的营养素，以进行体内除毒、解毒。

4 打造对毒性免疫的体质，以达到预防目的。

为了保护身体不受食品添加剂危害，我们可以根据自己的生活形态来实践上述流程。

此时，上方所述的四阶段就显得相当重要了。

首先，当然是要着重挑选食品的方法来提高安全性。

举例来说，应该尽可能地选择食品添加剂较少的加工食品等。然而仅仅这么做，应该还是无法确保食品安全。

　　于是接着可以在烹调前，先展开"除毒"的工作。

　　比如在调味、炒、煮等动作前，通过倒掉汆烫食材的水、过水、用热水冲淋油炸物等方式，都可以减少加工食品中的食物添加剂含量。

　　如此当然还是不够的。因此必须注意饮食内容，能使人体摄取到维生素、矿物质及蔬菜所含的植物纤维（Phytochemical）、食物纤维等营养素，让人体内能直接进行排毒、解毒，以提高饮食安全性。

　　借由摄取这些营养素，活用其原本就有的脱氧剂（Scavenger）功能，以去除食品添加剂进入体内后产生的自由基。

　　最后为了能更加保险，让身体拥有可以对抗外来毒性的免疫能力，的确有其必要。摄取蔬菜含有的植物纤维、菇类中的β–葡聚糖（β–glucan），以及海藻中的褐藻糖胶（Fucoidan）等成分，有助于提高身体的免疫力。

我们如何得知欲购买的产品中有哪些添加剂呢？

添加剂应该一起标示在"原料名称"的项目中！

如何透视加工食品的"食品添加剂标示"

食品含有添加剂，依法都必须标示出所有内含的物质的名称，然而"添加剂"的标示是列于"原料名称"（原材料名）的项目中（有时列于"成分"中）。也就是说，原料与添加剂标示在一起，若不是特别仔细看，其实根本分辨不出哪些是食品原料？哪些又是添加剂？

此外，由于法律修正，现在消费者已经无法区分该食品究竟是"合成的"还是"天然的"了。若我们想确认产品包装上记载的"原料名称"中的添加剂信息，如：

·哪一种是食品添加剂？

·是合成物质，还是天然物质等，简直就是令人难以理解的。

我猜想其结果可能反而使"看也看不懂，干脆就不看"的人数因此增加了。

更恐怖的是，由于只需标示名称即可，依数据资料显示，食品添加剂的使用率反而比以前更高。

"看不懂，干脆就不看"，根本于事无补。

食品添加剂的标示大致可区分为两种：一种是"需标示的情况"；另一种则是"不需要标示的情况"。以下就来仔细看看食品添加剂的标示吧！

●食品添加剂的标示方法

原则上目前依法必须"全面标示添加剂的物质名称"。

然而有时小型产品可能无法将名称完全列在包装上，因此还必须考虑到

标示空间大小等问题。目前认定可以使用的标示方法如下：

·以一般名称或略称显示

·结晶、无水、立体结构位置记号的标示

·以英文缩写标示

·同种品项整理后统一标示

其中特别与添加剂安全性有关，就是以英文缩写为标示的防霉剂。

此外，根据添加剂的使用方法与剂量、使用频率等不同，还有其他不同的标示方法。

与用途合并标示

标示必要性高的食品添加剂，除了物质名称之外，也会将其与用途名称合并标记。如甜味剂、着色剂、防腐剂、抗氧化剂、保色剂、漂白剂、防霉剂等。

以总括名称标示

个别标示成分必要性较低的物质，添加了微量的香料、不能吞食的口香糖原料、原本就包含在天然食品中的酸味料及调味料等，一般会以复数名称组合后统一标示，也就是说，仅以用途名称来取代物质名称即可。

允许以总括名称标示的添加剂总共40种，主要是酵母食物、碱水、酸味剂、调味料、乳化剂、pH调整剂等。

●调味料的标示就要如此

调味料与其他的总括名称标示有些许差异。

调味料大致可区分为以下三大族群。

·氨基酸类：如海带鲜味来源的谷氨酰胺（Glutamine）。

·核酸类：如柴鱼片鲜味来源的肌苷酸（Inosinic acid）、香菇鲜味来源的鸟嘌呤（Guanine）等。

·无机盐类：如代替食盐的氧化钾等。

此外，也可以使用族群的名称来表示调味料。

（标示范例）

"调味料（氨基酸）"（只有一种族群时）

"调味料（核酸类等）"（两种族群以上混合时）

●免标示的食品添加剂：残留物

另一方面，还有一种是不需要标示的食品添加剂。

·最终产品中未残留的食品加工助剂或在制造、加工时添加的物质。

·残留物

·以强化营养为目的所使用的物质。

在此情况中，可能会有问题的是"残留物"。

例如在涂抹于煎饼表面的酱油中的添加剂。

酱油中有氨基酸等调味料，在此添加氨基酸可以增加煎饼的风味。所以"调味料（氨基酸）"就成为煎饼制成产品后必须标示的对象。

不过另一方面，所用的酱油中也添加了苯甲酸。换句话说，极为微量的苯甲酸一并被添加在煎饼上。

然而由于所含剂量微乎其微，根本无法对煎饼的保存性（防腐）发挥任何作用，于是此处的苯甲酸就被视为一种"残留物"。

希望我们使用的添加剂标示，能让买方或卖方都轻松看得懂！

应该标示出所有的物质名称，若是未写清楚食品添加剂内容的商品，建议不要选用！

食品添加剂标示的问题点

原本添加剂标示方法的差异，在于标示空间有限，因此大多数会取决于制造、贩售的方便性而自行选择标示与否。

然而这其中一部分，应该是有许多不得已而不想标示出来的苦衷吧！实际上，由于这些食品添加剂的标示方法大相径庭，也产生了不少的问题。

●同一食品添加剂却有多种标示法

举例来说，草莓色素可以标示为"莓色素"、"果实色素""花青素"等。由于花青素（Anthocyanins）是草莓与蓝莓中共同拥有的天然红色色素，因此无论以哪一种名称来标示，都具有同样的意思，但是对一般人来说却相当难以理解。

为了改善这类标示不一的状况，主管机关应该尽可能地统一标示名称才行。

●（ ）中标示的添加剂如何解读

防腐剂"山梨酸K"，所指就是"山梨酸钾"。然而也有其他标示法，如"山梨酸（K）"等的类似标示。这样的标示用于当食品中兼用了山梨酸与山梨酸钾时的标示方法。

但实际上，要直接从加工食品的添加剂标示中辨识两者间的差异，可说是相当困难的事。

●仅用"黏多糖体"一词当做统称的危险性

所谓增稠剂，是指为了增加酱料或调味酱汁等的黏稠度，以稳定舌头的触感的一种添加剂。

当我们添加一种称为瓜尔胶（Guar Gum）的增稠剂时，会标示为"增稠剂（瓜尔胶）"；但添加瓜尔胶与卡拉胶（Carrageenan）等两种以上的增稠剂时，则仅以"黏多糖体"（Mucopolysaccharides）一词来表示即可。

卡拉胶是目前认为会对健康造成疑虑的一种添加剂，但是像上述与其他增稠剂同时使用的情况，消费者反而无法分辨该食品中是否使用了卡拉胶。

这样一来，好不容易将添加剂标示规定为一种义务的美意，也因此大打折扣了。

诸如此类令人难以理解的标示陷阱，并不仅止于增稠剂这一部分。

若要谈论该如何解决的方法，其实只要将所有的内含物质都标示出即可。

当然也会有人提出"标示空间不够"等异议，但若果真如此，少用些添加剂不就得了！

●免标示的"残留物"添加剂成为漏网之鱼

前文也曾提及，目前会面临这样的情形：虽然酱油中使用的食品添加剂已经标示出来，但使用酱油制成的日式煎饼却并不需标示这些添加剂。

这种免于标示的添加剂，就称为"残留物"。

也就是说，这种添加剂虽然原本在食品上有所标示，但若将其视为一种材料而制成第二种产品时，反而因为"含量相当微小，无法发挥效果"等理由，而免于标示。

然而单一产品中含有的量或许相当微小，不过若将一整天吃下的食品合并计算，其含量就有可能对身体造成影响。

当今社会的加工食品为数众多，应该标示出加工食品内含何种添加剂，让食用的人们能了解究竟吃了哪些添加剂才行。

● 从"原料名称标示"中辨别"食品添加剂"的重点

目前许多人还未养成看原料名称标示的习惯，我猜想大家应该也分不清楚究竟哪一种是原料？哪一种才是食品添加剂？本书在此试着将区分方法制成下页的表格，提供各位作参考。

区分食材与食品添加剂的诀窍

1. 写明使用目的时——酸味剂、凝固剂、香料等。

2. 以外语标示时
　　——Carrageen（卡拉胶）、Phosphate（磷酸盐）等。

3. 使用化学符号标记时——Na、K等。

4. 以加（ ）的方式标记成使用目的的（××）时
　　——防腐剂（山梨酸钾）、甜味剂（甘草）。

5. 使用描述颜色的文字——焦糖色素等。

下列图表中，画下划线者为食品添加剂

范例A

品　　　名	福神渍
原 料 名 称	白萝卜、茄子、莲藕、越瓜、紫苏素、刀豆、生姜、其他 浸渍原料（酱油、氨基酸液、砂糖、葡萄糖果糖液糖、食盐）、 <u>调味料（氨基酸等）、酸味剂、山梨糖醇、香料、着色剂（栀子、 虫胶）、抗氧化剂（维生素C）、甜味剂（甜菊）、增稠剂（黄原胶）</u>
内 容 量	120g
生 产 日 期	见产品包装
保 质 期	制造日起60天
保 存 方 法	避免阳光直射或置于高温潮湿环境

范例B

品　　　名	烟熏墨鱼制品
原 料 名 称	墨鱼、砂糖、食盐、食用醋 <u>甜味剂（山梨糖醇、甜菊、甘草）</u> <u>甘油、调味料（氨基酸等）</u> <u>酸味剂、磷酸盐（Na）</u> <u>pH调整剂、防腐剂（山梨酸钾）</u>
内 容 量	另行标示
生 产 日 期	另行标示
使用注意事项	开封后请尽早食用完毕

3 章

加工食品的选择
与食用方法

减少添加剂的事前准备

本章将列举各项常见加工食品，并一一解说这些加工食品中实际使用的食品添加剂，以及该如何进行解毒的处理方法。

至于在食品的选择方法上，将指出该食品常使用到的食品添加剂。

此外，就食用方法而言，则会依两大观点进行整理：（1）食品添加剂的减量处理方法。（2）减少带有食品添加剂危害的食材。

从安全、美味的烹饪来看，自古即有许多传统的事前准备方法流传至今。包括：捞除浮沫、用热水冲淋去油、抹盐、削皮、暴晒、浸醋、切丝、去血水、搓洗、洗净、过热水、煮沸、汆烫、汆烫剥皮、汆烫除鱼鳞、稀释酱油等。这些方法都能降低加工食品中的食品添加剂。

例如：鱼板及火腿必须先以热开水烫过、泡面最好先煮过、腌渍物用水冲洗、豆腐先浸在清水里、油炸物必须先用热水冲淋去油等。

接下来便对列举各式各样的加工食品进行详细解说，以供大家参考。

泡面

泡面可说是目前世界各地餐桌上极受欢迎的食物之一。若与以往相比较，对食品添加剂的疑虑与不安照理说应该大幅减少才对，然而就目前情况看，使用于其中的添加剂还是非常地多。

因此请大家千万注意本书下列叙述的所有内容。

选择方法

●别选择原料标示中含有"磷"的产品

例如标示"磷酸盐（Na）"或"焦磷酸铁"等名称。

这些添加剂都是泡面制作过程中常用于改善食品品质的材料。单一添加剂的量虽然相当微小，但如果加起来，恐怕也会摄取了超过一定的量进入体内。

而且大量摄取磷酸，可能造成骨骼成长异常，铁质不足等问题。

●必须注意"植物蛋白"的标示

还有称为"植物蛋白"的成分，它与属于危险添加剂的磷酸有关。

虽然植物蛋白不属于食品添加剂，不过在制造植物蛋白时，却经常使用到磷酸盐。

然而即使是以植物蛋白当做泡面的原料，一般来说也不会特别标示出其原料中含有"磷酸盐"。这是因为如前文所述，在原料制造阶段添加了称为"残留物"的添加剂，就能援引"免标示"的产品检验规则。

因此，当我们看到标示有"植物蛋白"时，就必须意识到该项食品中"或许含有磷酸盐成分"。

51

小心别让面随着
汤一起倒掉哦!

●已经不得再使用丙二醇

如今,曾经特别使用于生泡面等食品保湿的丙二醇(Propylene Glycol),已完全不再用于泡面的生产过程。这是一种危害性极高的添加剂,目前也名列危险添加剂中,不过由于实际上已不再使用,因此消费者无须特别担心。

此外在原料名称标示中,尽量避免选择内含"调味料(氨基酸)"、"焦糖色素"、"甜味剂(甘草)"、"碱水"、"黏多糖体"等添加剂的产品,这些添加剂都会对健康产生危害。

可以说,如今市面上几乎很难找到未添加上述这些物质的泡面产品了。由此我们也可以意识到,这些添加剂被使用的频率已经达到相当频繁的地步。

为了消除这些添加剂带来的不安与疑虑,以下的"食用方法"诀窍,相信能为大家提供一些帮助。

食 用 方 法

●泡面必须先煮过

若想安心地煮食泡面,面条与面汤必须分别煮。

先将面条煮好,水分沥干,将煮面条的热水倒掉,然后再加入另外煮好的汤。由于煮面条的热水会溶解出面条中含有的添加剂,因此千万别再将调味包倒入已经充满着"溶解添加剂"的这些热水里当汤喝。

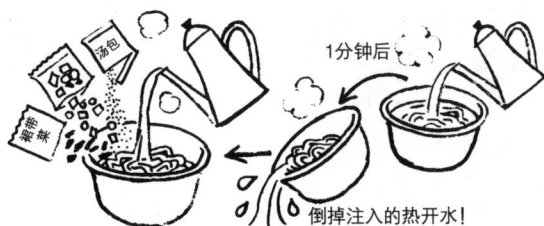

近来市面上竟然出现打着"免煮"口号的生拉面，但即使如此，还是请大家反其道而行之，先煮过后再食用吧！

●杯面必须先氽烫

检视一下某种油豆腐乌龙杯面内含的添加剂，就会发现其中含有海藻糖、调味料（氨基酸）、磷酸盐（Na）、碳酸钙、焦糖色素、卵磷脂、抗氧化剂（维生素E）、红曲色素、胡萝卜色素等，再加上与添加剂没有直接关系的"植物蛋白"。

虽然杯面的卖点就是"只要注入沸腾开水即可食用"，但为了能真正安心食用，就必先将面烫过一次。

虽然杯面的使用说明标示"将蔬菜包与调味包倒入碗中后，注入沸腾开水即可"，但最好还是在碗内只有面类的状态下冲入沸腾开水。

1分钟后，将氽烫面的热水倒掉，当然要小心千万别将面条也一并倒掉了。如此一来，面体中含有的大部分添加剂就会随着热水一起倒掉。

然后将蔬菜包与调味料等加入面碗内，再注入沸腾开水，等待1分钟后即可食用。这样处理的吃法就会令人感到相当放心了！

不过这种方法无法适用于蔬菜包和调味包已经掺入面里的泡面。还好现今大多数的泡面都已经将蔬菜包和调味包等与面体分开包装，因此这种方法可以多多应用。

只要在配料上多下点工夫，就能调理出可以安心食用的泡面了！

●对泡面"配料"的坚持

吃泡面时若能自己多添加一些配料，更能够减少添加剂的危害哟！

无论如何，希望大家能在泡面内添加的配料有"裙带菜"、"叉烧肉"、"大蒜"等三种。

裙带菜含有的植物纤维，能将附着于人体内的添加剂吸收后排出体外。裙带菜中还含有海藻酸，会吸附体内含有的盐分使血压下降，可预防脑卒中等危险。

此外，虽然与添加剂没有直接关系，但就维持健康的观点来看，食用过多泡面的人有导致肥胖、营养不均的疑虑，最好能多补充维生素B_1，以分解泡面含有的淀粉物质。为此可以搭配叉烧肉与大蒜泥。叉烧肉富含维生素B_1，大蒜则含有植物纤维成分"硫化丙烯"，能增强维生素B_1的活性。

●泡面+裙带菜，安心程度提升！

由上述说明可知，无论是哪一种泡面，希望大家都能在其中添加"裙带菜"、"叉烧肉"、"大蒜"等三种配料一起食用。当然也有人认为，这么做不是违反了泡面"方便即食"的优点吗？

但由于泡面中含的添加剂确实相当多，一定得有能解毒的对策才行。至少尽可能添加一些干裙带菜也可以。

现今泡面种类五花八门，但食用的不变原则是各位可以将面条及配料全吃完，不过汤汁最好别喝。如此一来，除了不会将溶解出的添加剂一并下肚，也能减少盐分摄取量，确实是一举两得的好方法。

好棒！但别忘了要加一些裙带菜！

我们的乌龙面条只采用小麦为原料，并以手工方式制作哟！

面条

以前市售的面条，无论是干面或湿面，几乎都未使用添加剂。然而这些快熟的不用几分钟就可以食用的面条，现在为了方便起见，其中的添加剂也就随之变多了。

由于各种面条的添加剂大致相同，以下就先以乌龙面为例来进行解说。

选择方法

●先选择无添加剂的湿面

一般来说，大家并不需要对条状的干面条太过担心，因为无论是乌龙面或荞麦面，原本都未使用所谓的添加剂。

然而各位一定会问：湿面又是如何呢？

若使用其他国家生产的小麦制作乌龙面，通常会含有磷酸盐。由于其他国家生产的小麦相较于日本产的小麦，其特色是较缺乏弹性、无法延展等，为了弥补这些不足，其他国家生产的小麦常常添加磷酸盐，希望能增加咀嚼时的口感。

此外，也可能使用氨基醋酸当做防腐剂。虽然氨基醋酸是氨基酸的一种，但它却是会令人感到不安的食品添加剂。

在荞麦面方面，也会发生上述这些问题。

因此若选购标示为百分之百使用日本产小麦粉的面条，就能稍微安心一些！

55

食用方法

●干面、速食热面都必须先煮过

条状的干面条原本就必须以大量热开水充分煮熟，然后倒掉煮面的热水，因此并不成问题。

但若是食用免煮的速食熟面时，千万不能从袋中取出面条后就直接淋上酱料，应该在食用前稍微煮过，或至少将面条放在网筛中以热开水氽烫一下。这样就可以将那些令人感到不安的物质溶解在热水里流掉。

● 自制健康面

不只是吃泡面的时候，吃面条也务必要加入"裙带菜"哟！裙带菜中富含的食物纤维能抑制添加剂的吸收，并协助将添加剂排出体外。加上裙带菜中含有大量的钙质，若将它当做一种添加剂，即使原本面条中使用了磷酸盐，也能因此达到补充钙质的平衡效果。此外，对吃速食熟面来说虽然有点麻烦，但自制的酱料或配料却能让食物更加美味。

例如：

▶使用市售的无添加剂面酱汁取代原本随包附送的调味料。

▶食用油豆腐乌龙面时，改用以酱油及味淋等先煮好的自制油豆腐。

▶若是食用咖喱面，改用自制的冷冻咖喱酱。

特别是要让儿童及老人食用时，这一番费心处理将能换来大家在饮食方面的更加安心。

余烫

水煮

吐司、蛋糕卷

许多家庭会选择以吐司当做每天的早餐。不过在超市或便利商店购买那些来自面包工厂制作的吐司，还是会含有防腐剂等食品添加剂。若是能吃到完全无添加剂的手工吐司，那该有多好啊！

由于这些是每天都会在餐桌上出现的食物，因此希望大家能仔细看看该食品的原料标示，并聪明地选购。

选择方法

●吐司是含有"维生素C"的食品

选择能让人安心的吐司及蛋糕卷，诀窍在于直接找包装上标示含有"维生素C"或英文的"VC"的产品。

话虽如此，这种举动并不是为了要补充维生素C。此处的维生素C，是指酵母活化剂中添加剂的抗氧化剂，大多数情况下标示为"酵母活化剂、维生素C"。

若吐司商品包装上未标示内含维生素C，则它就有添加"溴酸钾"的可能性。由于溴酸钾带有致癌性的疑虑，因此近来几乎都改以维生素C来替代。

溴酸钾是以"不会存在于最终产品中"为使用标准的添加剂，因此可免除列名于最终的产品标示里。也因此该商品是否使用了"溴酸钾"，并不能

单从产品标示得知。

●不添加乳化剂的吐司最棒

吐司制作过程中的乳化剂，经常是使用卵磷脂。卵磷脂都是从蛋黄及大豆（黄豆）中提炼而得。

如果只是将大豆当成食品添加剂，当然没有什么疑虑，但却要担心是否使用了基因改造的大豆。

因此若要选购吐司，最好尽量挑选未使用乳化剂的产品。

食用方法

●吐司必须烤过再吃

若是担心买来的吐司含有"溴酸钾"，务必先将吐司放入烤箱烤过后再食用。只要一经加热，溴酸钾就会变成无害的溴化钾了。

●吐司上涂抹"青海苔奶油酱"，吃得更健康

若想更安心地食用吐司，不妨以"青海苔奶油酱"取代平日涂抹的奶油！青海苔成分中的蛋胺酸（甲硫基丁胺酸）具有解毒作用，可以让乳化剂等添加剂变成无害的物质。

制作这种奶油酱很简单，将海苔混入市售的奶油中即成。如此搭配的味

吐司涂抹"自制红葡萄苹果酱",其中富含的维生素A还能加强解毒作用呢。

烤过再吃

道,相当顺口好吃喔!此外,我也建议大家在吐司上涂抹苹果酱或蓝莓酱。苹果的果胶具有排毒效果,蓝莓含有的花青素则能提高人体免疫力。不过无论用哪一种果酱,最好是自制,或选购市售不含添加剂的产品。

调理面包、甜面包

这些都是在超市或便利商店中常见的食品。无论是当做早餐,或是稍微饥饿时果腹、当做小朋友的零食、忙碌时打发一餐,可算是最快速方便的补给品。

特别是甜面包(甜馅面包),堪称是小朋友与女性的最爱。然而无论哪一种面包,都含有一定程度的添加剂,务必在选择方法与食用方法上多加注意!

选择方法

●三明治的内馅问题

首先,将鱼肉三明治、蛋三明治、综合三明治等调理面包常使用的食品添加剂都罗列出来吧!

例如:防腐剂(山梨酸钾)、乳化剂、酵母活化剂、醋酸钠、调味料(氨基酸等)、黏多糖体、保色剂(亚硝酸钠)、胭脂红色素、焦糖色素、胡萝卜色素、磷酸盐(Na)、pH调整剂等。

59

※胭脂红色素

　　是指胭脂虫红（Cochineal red），
将这种昆虫干燥后制作而成的色素。除
了外用于医药用品、口红、缝线等染色
外，也用于冰淇淋、酸奶、饮料水、鱼
板、火腿、香肠等食品染色。目前尚无
法确切证明它对人体安全与否。

　　上述这些几乎就是三明治内馅的添加剂了！究竟为什么要使用这些添加
剂呢？而且三明治通常包夹许多烹煮过的食材，由此看来，要找出没有添加
剂疑虑的调理面包还真困难。

　　若想从中挑选添加剂量较少的产品，大概就只能吃仅放入水煮蛋的阳春
型"蛋三明治"吧！

●若要吃甜面包，就选择经久不衰的红豆面包吧！

　　就甜面包而言，奶油面包、巧克力面包、菠萝面包等使用的添加剂和调
理面包完全一样。由于这几种面包内的原料都是不耐久放的食材，因此若想
选择没有添加剂的产品，其实也相当困难。而且大家务必了解，部分菠萝面
包里也使用防腐剂（山梨酸钾）。

　　这么说来，难道真的没有可以安心食用的甜面包吗？当然有喽！那就是
"红豆面包"。

　　因为红豆本身就有防腐作用，因此完全没有添加防腐剂的必要。

　　此外，近来市面上也出现未使用防腐剂等添加剂的奶油面包或者果酱面
包，这些产品当然不耐久放，所以购买后应尽快食用完毕。

附近那家手工面包店做的三明治如何?

如果放了好几天后，其味道或扎实度都不变，就一定是使用了食品添加剂!

食用方法

● 甜面包与三明治最好搭配茶一起吃

最安心的食用方法，就是在无馅面包中夹入自制的馅料，成为自制三明治或自制甜面包。但是有馅面包仍有许多无法自制的内容物。

因此，如果我们从超市或便利商店买来有添加剂的三明治或甜面包，最好搭配绿茶一起食用。

因为伴随添加剂产生的自由基危害，可以借由绿茶中的儿茶素或红茶中的茶红素（Theaeubigins）、茶黄素（Theaflavins）等植物纤维成分，通通加以消除。

火腿、培根、维也纳香肠

火腿常加入沙拉或三明治中；培根则搭配荷包蛋，或当做炒青菜、清炖肉汤的材料等；维也纳香肠是儿童相当喜欢的一种料理，常当做饭盒内的一种配菜。

虽然我们都知道上述这些食品含有许多添加剂，但因为都是方便取得的食材，而且小孩又相当喜爱，因此有许多添加剂又怎样呢？还是很难就此割舍的。

不过你可以自己稍微加工，让它们摇身一变成为安心的食品！

当做其他料理的材料时 以50℃的热水烫1分钟　　直接食用时 在50℃的热水中烫10秒钟

选择方法

●选择火腿、培根的基本要点

选择未使用防腐剂（山梨酸、山梨酸钾）与植物性蛋白的产品。

根据许多市场调查的结果，这一类未使用防腐剂的火腿和培根，大多不会使用到除了亚硝酸以外令人不安的原料。

可惜的是，由目前的现状来看，市面上贩售的火腿与培根包装上，几乎找不到标示未含有令人不安的亚硝酸的产品。

●让维也纳香肠成为"无盐析"状态

选择维也纳香肠，会讨厌其中含有当做保色剂的亚硝酸盐及当做防腐剂的山梨酸钾。多数的维也纳香肠大量使用上述两种添加剂，因此在安全选择上可说是相当困难。

因此务必选择标示"无盐析"的维也纳香肠，因为那意味着"没有使用保色剂、着色剂，并且在一定时间内腌渍而成"。

近来市面上出现许多以"无添加剂"当做一大卖点的维也纳香肠，大家可以仔细找找看。但售价就不知是多少了。

在表面划
3刀左右

水煮

食用方法

●火腿、培根必须先烫过

直接食用切片的火腿或培根时，可以先在50℃左右的热水中稍微烫10秒。由于添加剂会溶解于热水中，即可大幅减少吃入添加剂的量。

切片的火腿与培根，由于表面积变得较宽广，因此只要短短烫几秒钟的时间，就可以充分将添加剂溶解到热水中。

汆烫10秒左右，并不会让口感或视觉色相上有所改变。

若要将火腿、培根当做沙拉的材料，必须仔细考虑是否除了一起使用的调味酱汁外，还会加上一些其他的添加剂。因此可以先将火腿、培根放在热水中烫1分钟左右，烫过后再用做食材。

如此一来即可大致减少其中的保色剂与磷酸盐的含量。

●香肠划上几刀后水煮

先在香肠上划3刀左右，再以适量的热水煮1分钟。

如此一来，香肠所含的磷酸盐与山梨酸钾等添加剂，就能轻易溶解于水中，我家的孩子非常爱吃香肠，即使和卷心菜一起炒，也只挑出香肠来吃。借此去除的添加剂一定程度量。

我家的孩子非常爱吃香肠，
即使和卷心菜一起炒，也只
挑出香肠来吃。

若是改用水煮，就
能连卷心菜的营养
一起吃下去了。

●与卷心菜一起食用更令人安心

若家中出现小孩与老人有身体不适等情况，或是对于稍微煮过的前置准备还是太不放心，可以选择用卷心菜搭配火腿、培根、维也纳香肠等一起食用。

卷心菜中富含β–胡萝卜素、维生素C和维生素E、钙、食物纤维，以及植物纤维之一的异硫氰酸盐，都能预防添加剂带来的危害。

卷心菜最特别的作用是帮助钙质更容易吸收，并将磷酸盐排出体外。

食用火腿、培根、维也纳香肠等，最推荐的解毒料理是与卷心菜一起炒成一道菜。若是煮培根卷心菜汤，虽然有点麻烦，但还是必须先将培根水煮过后，才能再倒入卷心菜等食材一起烹煮。

市售的御饭团、寿司

近年来，御饭团已经成为便利商店的热销食品，市场上不断推出各种口味及不同海苔包裹方式的御饭团及寿司。然而这些食品都使用了不少的添加剂，在你拿到柜台结账之前，请记得养成确认食品标示的习惯。

选择方法

●饭团的成分充满添加剂

御饭团有鳕鱼子、鲑鱼、金枪鱼、鲣鱼、梅干等各种不同口味。

这些饭团中常见的添加剂，如防腐剂（山梨酸钾、聚离胺酸）、焦糖色素、红椒色素、红曲色素、红色102号、红色106号、甜味剂（甜菊、甘草、山梨糖醇）、醋酸钠、调味料（氨基酸）、包色剂（亚硫酸钠）、磷酸盐、甘胺酸、黏多糖体、pH调整剂、乙醇等。

由于饭团中使用了各式各样的食材，相对来说，在添加剂使用方法方面也非常地多。

如果想选择没有添加剂危害的饭团，最好选择梅干、鲣鱼等口味，因为这些种类产品并不会含有令人感到不安的添加剂。

●便利商店寿司曾是"添加剂口味的卷寿司"

以往在超市贩售的卷寿司添加剂标示上，我们会看到这些添加剂：甜味剂（山梨糖醇、甘草、甜菊）、酸味剂、乳化剂、调味料（氨基酸等）、焦糖色素、婀娜多色素（Annatto）、红曲色素、栀子色素、红色106号、红色102号、黄色4号、黏多糖体、防腐剂（山梨酸钾）等。

超市及便利商店贩售的寿司，有卷寿司、综合寿司等各种不同种类，但是那里曾经根本就是添加剂的嘉年华会啊！

幸好到了今天，添加剂的量已经有了大幅缩减！

食用方法

●便利商店御饭团与裙带菜味噌汤+马铃薯沙拉组合成套餐

难道超市及便利商店的寿司真的一口都不能碰吗？

这样的要求在当今社会根本可以说是强人所难吧！因此，我提供给大家一个简单的对策：御饭团或寿司搭配裙带菜味噌汤、马铃薯沙拉食用。

不一定要喝现煮味噌速食汤。裙带菜里的水溶性食物纤维、马铃薯里的维生素C与食物纤维，都有助于将添加剂排出体外。

●寿司店的热茶与姜片也相当重要

饭后一杯热茶，也能增加饮食的安心程度，因为茶中富含的儿茶素能消除添加剂在人体内产生的自由基危害。吃寿司同时食用腌姜片也是极佳的饮食方式。生姜含有姜油，能发挥防癌效果；生姜还含有能提升免疫力作用的植物纤维。此外，茶与姜对消除生鱼肉中的毒素有很大的作用。

裙带菜、青海苔、紫苏、茶、苹果等，都能帮助减少添加剂的危害呢！

话虽如此，还是不能太依赖那些外带便当呀！尽可能自己动手做便当会比较安心哦！

外带便当

在忙碌的现代生活中，外带便当令人觉得相当方便，这大多是方便了没时间吃饭的人。然而为了让便当菜色看来更多样化，便当内容根本就变成添加剂的展示会嘛！所以在选择方法上必须相当注意。

选择方法

●尽量选择添加剂较少的便当

猪排便当、炸鸡便当、汉堡肉便当、海苔便当、鲑鱼便当、咖喱便当、猪肉便当、鸡肉便当、牛肉便当……外带便当有五花八门的口味。

若仔细来看，这些外带便当所含的添加剂，发现其中有：甜味剂（甘草、甜菊）、防腐剂（聚离胺酸）、着色剂（红102）、着色剂（红106号、胡萝卜色素、叶绿素铜、焦糖色素、红曲色素、黄4号）、磷酸盐、乳化剂、调味料（氨基酸等）、防腐剂（鱼精蛋白、山梨酸钾）、甘胺酸、pH调整剂等。

当然我们要尽量选择添加剂较少的外带便当。不过依照我的经验，使用1~3种添加剂，暂时还看不出会对健康造成什么疑虑。

没有添加剂的婴儿食品不耐久放, 吃不完的就要丢弃哟!

食用方法

●准备海苔与紫苏粉

先来一碗裙带菜味噌汤及以蔬菜为主的沙拉吧! 若是在工作日的午餐时, 可以喝味噌速食汤。青海苔具有解毒效果, 红紫苏的花青素等成分则具有抗癌性及增强免疫力的效果, 因此建议常准备青海苔粉、红紫苏粉, 撒在便当里一起食用, 这是可以令人安心的食用方法。饭后吃苹果等水果也相当不错! 苹果含有的果胶能吸收体内有害物质, 并协助排出体外。

无论采用哪一种方法, 只要大家用心去处理, 都能让饮食的安全程度获得大幅度的改善。

婴儿食品

近年来, 婴儿食品的品质已有大幅转变。为人父母无论是忙碌或外出时, 都能轻松利用, 这也是一种生活智慧。首先仔细看看婴儿食品的标示, 再选择让小宝宝们可以安心食用的婴儿食品吧!

选择方法

●含磷添加剂用得不多

婴儿食品的菜单、调理方法及形式都日益增加。如什锦粥、炖白酱浓汤、奶油烤白菜、各式汤品、茶碗蒸等，大人吃的食物在婴儿食品中也几乎都有，目前市面上已经有数百种婴儿食品。由于这些商品已经充分考虑到食品安全性，因此几乎不会有关于添加剂的疑虑。

但偶尔还是会因为加上"磷酸二铁"等成分，因而使用了含有磷的添加剂。食用过多的磷，可能导致钙质流失，不过婴儿食品中使用的剂量其实相当少，父母并不需要过度紧张。

食用方法

●别保留吃剩下的婴儿食品

选择婴儿食品的重点，在于必须先充分了解"无添加剂"的意义。也就是说，由于婴儿食品中未使用添加剂，因此容易变质腐坏，即使放入玻璃瓶或蒸煮袋中保存也没用。请不要觉得食品开封一次就要丢弃是浪费，吃剩下的婴儿食品务必丢弃。

此外，可溶于热水中的粉末类食品，一定要使用煮沸的开水冲泡。

这些都是让婴儿能安心食用的诀窍。

冷冻汉堡肉

属于残留添加剂的磷酸盐是一种令人感到不安的植物性蛋白,然而使用磷酸盐这种添加剂的冷冻汉堡肉却充斥于市面。希望大家能仔细阅读其食品标示,并且选择品质较好的产品。

选择方法

●选择包装上无 "植物性蛋白" 标示的产品

先来仔细看看冷冻汉堡肉上的标示。其中含有焦糖色素、调味料(氨基酸)、pH调整剂、黏多糖体、磷酸盐(Na)、干酪素钠(Socium caseinate),以及不属于添加剂的植物性蛋白等。

冷冻汉堡肉只需稍加煎烤、以热开水温烫,或是放入微波炉热一下,就可以轻松食用,因此是相当受欢迎的菜肴。然而市售汉堡肉的品质差异非常大。为了维持安心享用食物的用餐环境,食品的选择方法相当重要。

由于目前我们根本无法期待市售冷冻汉堡肉中"没有添加剂",在这样的情况下,就必须避免选购有 "植物性蛋白" 标示的产品,才可稍微减少对残留物的不安与疑虑。依目前的信息可得知,未使用植物性蛋白的冷冻汉堡肉,同时也会减少使用磷酸盐以外的添加剂。

乌斯特酱汁　番茄酱

自制酱料　浸泡于沸水中氽烫30秒

※乌斯特酱汁
　英国传统酱汁，是以蔬菜、水果为原料，加入盐、砂糖、辛香料等发酵制成。

食用方法

●推荐自制调味酱

　　就算是宣称"将汉堡肉放入沸水中加热5分钟即可"的即食产品，也必须先拆开塑料袋，取出内容物放入沸水中烹煮，这么一来大部分的添加剂就会溶解于热水中。

　　如果有时间也可以自制酱料哟！酱料的制作方法繁多。比如在平底锅内放入番茄酱与乌斯特酱汁（Worcestershire sauce），待稍微加温后再混匀，就完成了一道美味的自制酱料。番茄酱中其实并不含任何添加剂。

豆腐、油豆腐、纳豆

　　我们每天的餐桌上，应该都会有豆腐、油豆腐或纳豆等食物吧！在大多数情况下这些食物中都不使用添加剂。

　　然而制作油豆腐时所使用的食用油，含有抗氧化剂BHA，就有可能使用到了残留添加剂。

选择方法

　　豆腐、油豆腐中经常可发现的添加剂是凝固剂（氧化镁、硫酸钙、甘油

71

买来后的第一步处理动作就是先放在水中。

脂肪酸酯）。此外，纳豆食品所使用的芥末与酱料中，也会使用着色剂、黏多糖体、酒精、酸味剂、调味料（氨基酸）等添加剂。

虽然含有多种添加剂，但上述这些并不是会令人感到不安的添加剂。

无论是豆腐、油豆腐或是纳豆，都可以选购包装上印有"不使用转基因大豆"标示的产品。

●豆腐必须注意使用的凝固剂

买豆腐请选择未使用葡萄糖酸内酯当做凝固剂的产品。

从饮食安心的角度来考虑，虽然使用哪一种凝固剂都无妨，但是凝固剂不同却会导致相同数量的大豆制作的豆腐数量有所差异。

举例来说，如果使用氯化镁为凝固剂的生产量是1，用硫化钙约为1.3倍，用葡萄糖酸内酯却可以制造出1.7倍的豆腐。也就是说，以氯化镁当凝固剂所制作的豆腐，其营养价值最高。

食用方法

●豆腐从包装盒取出后，必须先浸在水中

豆腐买回来后，必须立刻从包装盒中取出，并浸在装满水的容器内。

这样做的目的是使凝固剂与消泡剂等溶于水中，也可以去除盐卤的味道，让豆腐变得更可口。

油豆腐在沸水中煮滚，
以去除油腻。

倒入热开水。

●油豆腐先以热开水氽烫、去油

在烹调油豆腐前，先以热开水淋过或放在沸水中滚煮，可去除油腻。而且因为油分也被热水析出，所以即使油豆腐中含有添加剂BHA（抗氧化剂），也能因此降低含量，减少使用转基因大豆食用油的不安与疑虑。一旦油味去除后，油豆腐的口感也更加清爽！

●纳豆必须充分搅拌后再食用

纳豆在加入酱油芥末等调味料之前，必须先充分搅拌，使其产生黏稠的丝后再行食用。

产生的丝越多，纳豆内含的纳豆菌就越活跃，并且对于"O-157"大肠杆菌等会造成食物中毒的菌原有更高的抵抗能力。此外，黏稠丝中含有的纳豆激酶，还具有预防血液凝固的作用。

鱼板

市面上虽然有许多品质良好的鱼板产品，但还是经常被发现会使用一些令人感到不安的食品添加剂。甚至可以说，连鱼板这种食品本身都没有值得食用的意义。

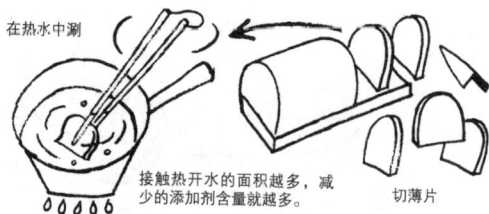

在热水中涮

接触热开水的面积越多，减少的添加剂含量就越多。

切薄片

选择方法

●淀粉使用量最高上限为4%

　　鱼板中常见的添加剂有：调味料（氨基酸等）、防腐剂（山梨酸钾）、磷酸盐、碳酸钙、着色剂（胭脂红色素、洋红酸色素、红色106号）、植物性蛋白（残留磷酸盐）等。

　　若想选购令人安心食用的鱼板，只要找到从头到尾完全未使用大豆蛋白或植物性蛋白、红色106号、胭脂红色素等原料的鱼板就可以了。

　　原因在于若该鱼板产品未使用含有残留的大豆蛋白、植物性蛋白、红色106号、胭脂红色素等，也就不会再额外添加其他令人担心的添加剂了！

　　此外，淀粉含量最多别超过4%。因为淀粉含量越多，食品就越有可能会被迫使用一些添加剂！

食用方法

●如同吃火锅的方式，在热水中涮后再食用

　　鱼板必须尽量切成薄片，在热开水中稍微烫一下，再以吃火锅的方式夹入热水稍微涮过。如此一来，不仅是添加剂，就连鱼板上的碱水或盐分都能减少，口感也更加提升。

采用直火烧烤，注意不要烤焦。

鳕鱼子

鳕鱼子是以明太鱼的卵腌制而成的，原本是完全呈现为白色的食材，但因为红色看起来比较鲜艳，且容易使人有食欲，因此现在商场里看到的红色鳕鱼子，就是以着色剂或保色剂的方式来染色的。

选择方法

●无着色标示、添加维生素C是选择重点

鳕鱼子内常见的添加剂有：保色剂（亚硝酸钠）、着色剂（红色102号、红色3号、黄色5号、胭脂红色素）、甜味剂（山梨酸醇、甘草）等。首先，由于呈现深红色的鳕鱼子是使用着色剂的关系，请大家选择标示为无着色的鳕鱼子吧！

虽然知道当然是选择"完全无添加剂"的鳕鱼子最好，但由于其价格昂贵，数量也不多，难以购买，因此至少先选择无着色标示的鳕鱼子吧！

由于鳕鱼子中使用亚硝酸钠当做保色剂，这是被认为对健康危害有很大疑虑的添加剂，为了降低这种危害程度，有时也会添加维生素C。一旦添加了维生素C，就可以稍微放心食用。

※煤焦色素
　　又称为"食用红色色素"，以往是一般家庭中都会使用到的食品添加剂。由于是来自石油类原料的合成物质，因此对其安全与否常有疑虑，过去就有13种以上的煤焦色素遭禁止使用。目前允许使用的是红色2号、红色3号、黄色4号等12种，但社会上还是存在一些带有疑问的抗议声浪。

食用方法

●别烤焦，搭配萝卜泥以补充维生素C

　　若要烤食标示上含有调味料（氨基酸等）的鳕鱼子，只要稍微烤到有点颜色就可以了！这是因为当做氨基酸主体的谷氨酸钠在直火高温的情况下，可能会产生致癌物质。

　　烤焦的部分也可能会产生致癌物质，因此请小心别烤焦了。

　　此外，吃烤鳕鱼子时可以搭配萝卜泥一起食用！萝卜中的维生素C，能预防因高温而使谷氨酸钠产生致癌物质，以及因为烧焦产生致癌物质。

腌制食品

　　虽然腌制食品逐渐朝低盐化发展，但另一方面却反而使用更多的添加剂。这必须特别注意！

选择方法

●选择不含煤焦色素的腌制食品

　　腌制食品中常见到的添加剂，包括防腐剂（山梨酸钾）、着色剂（蓝

倒掉腌制汤汁

冲水洗净

1、黄4、叶绿素铜）、增稠剂（黄原）、甜味剂（甜菊、甘草）、调味料（氨基酸等）、抗氧化剂（维生素C）、酸味剂、山梨糖醇等。

挑选腌制食品的重点，在于选择原料中没有标示具致癌性疑虑的煤焦色素（带有数字的着色剂）。

因为这样一来就可以确定，这些未使用煤焦色素的腌制食品中，并不会使用到令人相当不安的山梨酸钾及甜菊等添加剂。

食用方法

●舍弃腌制汤汁，尽量先以水冲洗

腌制食品买回来后，必须首要处理的就是倒掉腌制用的汤汁。因为已经有许多添加剂溶解在腌制的汤汁里。

接着请尽可能地将咸菜干等腌制食品冲水清洗一遍。这样就能减少添加剂残留，让大家吃得更安心。

家常菜

家常菜给大家的印象都是小时候妈妈常做的美味。我对于昔日那些完全不使用添加剂的菜色印象非常强烈，比起现在陈列于超市或便利商店里的家常菜或熟食，两者的差异实在太大。

菠菜　裙带芽　家常菜

味噌　味噌汤

选择方法

●寻找无添加剂的上等货色

先仔细来看市售家常菜代表"炒黄金牛蒡丝"的原料名称标示，内含的添加剂有：防腐剂（山梨酸钾）、磷酸钠、甜味剂（甘草、甜菊）、调味料（氨基酸）等。

然而这些菜肴中还是有不使用调味料（氨基酸）的上等货色，请仔细观察标示，并找出吃了令人安心的食品吧！

食用方法

●家常菜搭配味噌汤一起食用

为了更加提升食用市售家常菜的安心程度，别忘了要搭配味噌汤一起食用哟！

味噌汤能提升免疫力，大豆成分中含的多酚也有强大的抗氧化效果，也就是说，味噌汤可以有效发挥消除体内自由基危害的能力。

此外，在味噌汤中还适合加入裙带菜和菠菜当做配料，因为它们含有钙质、食物纤维以及具有排毒作用的维生素A、维生素C、维生素E等，有助于消除市售家常菜中常使用到的磷酸等添加剂产生的危害。

青海苔
红紫苏粉
综合海苔粉

综合海苔粉

　　综合海苔粉（香松）并无法在烹煮食物时减少添加剂的含量，食用安心与否与产品的选择方法有关。特别要注意的是，部分专为小朋友设计、有卡通人物造型罐的综合海苔粉产品，其实内含许多添加剂。

选择方法

●选择"无添加剂"的综合海苔粉

　　市售综合海苔粉商品的内含成分呈现极端的情形：一部分会使用非常多的添加剂；其他的则是完全不使用任何添加剂。

　　它使用的添加剂有：着色剂（红曲色素、胡萝卜色素、焦糖色素、姜黄色素）、胭脂红（洋红酸）色素、红椒色素、甜味剂（甘草、甜菊）、抗氧化剂（维生素E、维生素C、儿茶素）、增稠剂（黄原胶）、乳清钙、烟熏液、调味料（氨基酸）、膨胀剂等。

　　仔细观察上述这些添加剂，希望特别要避免使用"胭脂红（洋红酸）色素"的产品。此外也尽量避免使用甜味剂"甘草"的产品。

　　无论如何，除了无添加剂的综合海苔粉之外，勿过度频繁食用这一类的食品。

食用方法

●混合红紫苏粉一起食用

在此提供一种轻轻松松就能提高食用安心度的方法，就是将综合海苔粉与红紫苏粉混合后食用。紫苏含有丰富的β–胡萝卜素、维生素C、钙质等，拥有增加身体抵抗力、提高免疫力的作用及抗癌性等生理方面的功能。

与青海苔粉混合使用也是好的食用方式。青海苔的解毒成分能预防综合海苔粉中含有的添加剂的危害。

罐头

罐头是一种耐久性食品，因为适用时机相当广泛而极受欢迎，想稍微增加菜色变化或遇到灾害时，它是很好的选择。不过重点当然是要注意罐头上的标示。

选择方法

●添加剂格外地多

罐头中常见到的食品添加剂有：黏多糖体、磷酸钙、调味料（氨基

维也纳香肠

螃蟹

放入热开水中略微滚煮

酸）、pH调整剂、保色剂（亚硝酸钠、抗氧化剂（维生素C）、干酪素钠等。

没想到罐头内含的添加剂竟然格外地多呀！

因此就选择方法来说，当然得挑选内含添加剂较少的食品。

举例来说，同样是水煮干贝罐头，若原料只写干贝与食盐，想必一定还使用了其他的添加剂。

罐装咸牛肉、维也纳香肠等肉类罐头制品，经常会使用保色剂"亚硝酸钠"，因此最好能选购不含亚硝酸钠添加剂的罐头。如果是水果罐头，寻找未添加漂白剂"亚硝酸钠"的产品，食用起来才会比较安心。

此外，也要确认是否含有广为使用的"磷酸盐（Na）"！

食用方法

●无论内容物是什么，都先放入热水中烹煮较适宜

罐头中经常使用的磷酸盐（Na），只要以热开水涮过后，即可大量降低其含量。罐装咸牛肉、维也纳香肠等，只要是可以水煮的食品，最好都在食用前先以热开水涮过，才是最聪明的食用方法！

冷冻食品

目前畅销的冷冻食品中，不少是相当受欢迎的便当菜色，例如：可乐饼、汉堡肉、炸猪排等。本来以为冷冻食品不使用防腐剂所以能安心食用，但是却意外地发现其中使用了不少添加剂，因此必须特别注意。

选择方法

●特别需注意已经料理过的食品中含有的添加剂

冷冻食品中常见的食品添加剂有：着色剂（红曲色素、红椒色素、β－胡萝卜素）、胭脂红色素、黏多糖体、调味料（氨基酸）、抗氧化剂（异抗坏血酸钠）、保色剂（亚硝酸钠）、磷酸钠、山梨糖醇、乳化剂、pH调整剂、植物性蛋白（残留磷酸盐）。

在选择方法上，首先要选出未使用植物性蛋白的食品。此外，由于添加剂会随着产品内容不同而出现相当大的差异，因此希望注意要避免"亚硝酸钠"与"磷酸盐"的食用。

特别是冷冻食品中若加入许多已煮熟的食材时，更必须仔细观察其添加剂标示后再进行选购。

食用方法

●搭配其他食品以预防添加剂危害

冷冻面类食品等最好先在热开水中煮过后，再做其他用途使用。

然而部分冷冻食品无法先放在热开水中烹煮，在此情况下，如欲减少其中添加剂的危害（降低自由基带来的危害，提升免疫力），其实可以好好利用一些搭配的食材，如味噌汤、纳豆、青海苔、裙带菜、白花椰菜、猕猴桃等。

预防自由基及提升免疫力的饮食方法，请参见本书4章。

即饮味噌汤

加入热水搅拌后即可饮用的即饮味噌汤，由于轻松就可以享受到味噌汤的美味，因此相当受欢迎，而且其中也完全未使用令人担心的添加剂。

选择方法

●确认盐分含量与配料

即饮味噌汤虽然没有使用添加剂方面的疑虑，但由于几乎都使用到氨基酸类的调味料，因此盐分含量恐怕会偏高。

这是因为使用氨基酸类的调味料后难以吃出咸味，为了展现出更好的味道，因而使用了大量的盐。

所以选购即饮味噌汤产品时，请选择营养成分标示上每100毫升的盐分约为10%的产品。此外也可以自行添加裙带菜、菠菜、纳豆、油豆腐等食材，以降低因盐分过多造成的健康危害。

食用方法

●只要加入一些配料，就可以喝得健康

几乎所有的即饮味噌汤，都遭消费者抱怨内含的配料太少。因此如果打算自行选择配料食材，建议可以再加些裙带菜粉、豆腐、油豆腐、干香菇等。

调味酱汁

随着中式、西式、日式等各种调味酱汁种类的不断增加，现在市面上也出现标榜无油分的调味酱汁类调味料，以致在选择方法上也越来越困难。

能消除不安疑虑的万能调味酱汁

柠檬汁5
芝麻粉4
胡萝卜汁5
醋15
海带片1
酱油10
充分混合后放入瓶中
青海苔0.5

选择方法

●注意卡拉胶与甜菊

调味酱汁中常见的添加剂有：甜味剂（甘草、甜菊）、黏多糖体、增稠剂（黄原胶）、调味料（氨基酸）等。

在选择方法上，无论是乳化液体状的调味酱汁，还是调味酱汁类的调味料（无油），首先都得选择标示"没有添加黏多糖体"的产品。因为完全不清楚为何使用增稠剂。此外，若还发现不常见的增稠剂（黄原胶），请注意其安心度是归为哪一类。因为目前对于添加剂黄原胶的不安疑虑也相当大。

其次是甜味剂中标示有"甜菊"的产品，其安心度也是很低。

除了上述提及的添加剂之外，应该不会有太多令人不安的了。

食用方法

●建议使用自制的调味酱汁

自制调味酱汁看起来好像很难，但其实制作过程相当简单。在家中自制的调味酱汁可是完全不含任何添加剂的！

其中一种自制的调味酱汁做法如上图所示，提供给大家作参考。

调味酱

随着饮食习惯改变，市面上出现各式各样的调味酱。如猪排酱、乌斯特酱汁、日式炒面酱、牛排酱、汉堡肉酱、塔塔酱等。然而纵使调味酱的种类与口味繁多，在添加剂方面却并没有太大差异。

选择方法

●添加剂除甘草以外都可以。番茄酱几乎都不含添加剂

调味酱中常见的食品添加剂有：焦糖色素、增稠剂（罗望子）、调味料（氨基酸）或氨基酸液、甜味剂（甘草）等。

其中除了甜味剂（甘草）可能会带来对添加剂的疑虑之外，小朋友喜爱的番茄酱中几乎不含添加剂，可以放心食用。此外，近来超市或便利商店也渐渐开始出售添加剂较少的调味酱了。

食用方法

●加入青海苔等食材

由于调味酱中含有不少的盐分，希望避免大量食用。对盐分或添加剂抱有戒心的人，可以考虑加入青海苔一起食用。因为青海苔含有许多的钙质，

直火烧烤的安心度是 ✕

可以预防盐分对健康带来的危害。

此外，海苔中也含有具解毒作用的成分，有助于消除添加剂的危害。

烤肉酱

小朋友最喜欢烤肉了！虽然市面上有各式各样的烤肉酱，不过聪明的选择方法其实并不难。

选择方法

●注意氨基酸标示

仔细看烤肉酱中含有的食品添加剂，包括焦糖色素、调味料（氨基酸）等。

选择的重点只有一个。

就是选择原料中未标示调味料（氨基酸）的产品即可！

这是因为氨基酸类调味料的主体是谷胺酸钠（味精），若经过直火高温加热，恐有产生致癌物质的疑虑。

特别是将谷氨酸钠与植物油加在一起时，有一种说法认为即使在非高温状态下也可能产生致癌物质。

将肉浸在烤肉酱里真是太美味了，可是……

食用方法

●烤过后再蘸酱

以市售含有调味料（氨基酸）的烤肉酱腌过的肉再拿去烧烤，从添加剂的食用观点来看，这种做法实在不恰当。

烤过后再蘸取烤肉酱来吃，会比较安心！

若想自制烤肉酱，也要记得千万别放入谷氨酸钠这种调味料。不过若是使用平底锅，只要不太高温（差不多会生烟时），就不会产生致癌物质了！

薯片

身为垃圾食物的代表且最容易成为攻击对象的就是薯片了！

然而令人意外地，我们却能轻轻松松从其原料名称来进行选择。

选择方法

●尽量选择口味单纯的薯片

薯片中常见的食品添加剂有：调味料（氨基酸）、红椒色素、甜味剂（甘草、甜菊）、抗氧化剂（维生素E）、乳化剂、酸味剂等。

添加剂较少的是单纯为盐味或
海苔盐味的薯片

市售的薯片产品，有清汤口味、烧烤口味、梅子味等琳琅满目。根据口味不同，其所含的添加剂种类与计量也会改变。越是精致的口味，所含的添加剂就会越多，因此请尽量选择长期以来一直贩售的盐味或海苔盐等口味吧！

食用方法

●食用过量会罹患生活习惯病

由于薯片这种零食很容易让人一口接一口地吃，因此务必警觉吃到一定数量后就自行停止。食用过多的薯片，容易摄取过多的盐分或添加剂，有引发生活习惯病等的可能。薯片中使用的植物油，也可能提升残留添加剂及胆固醇的数值，这主要是因为其中添加了过多的椰子油与棕榈油（两者皆经过精制，可能产生反式脂肪与致癌物）的关系。

冰淇淋

在天气炎热的日子里，最不可或缺的就是冰淇淋了！然而市面上充斥着使用大量添加剂的冰淇淋，让人不禁觉得"这样也算冰淇淋吗？"虽然这是会让大家钱包有点失血的话题，但价格越高的产品确实安心度越高。

> ▶冰淇淋
> 乳固形物占15%以上
> 其中乳脂肪占8%以上
> ▶冰牛奶
> 乳固形物占10%以上
> 其中乳脂肪占3%以上
> ▶乳糖
> 乳固形物占3%以上

选择方法

●高级品中的添加剂较少

冰淇淋中常见的食品添加剂有：胡萝卜色素、黏多糖体、乳化剂等。

在选择方法上，先寻找原料中未使用黏多糖体、增稠剂（卡拉胶）的冰淇淋吧！因为会使用这些添加剂的几乎都是所谓的（乳糖）。随着近来豪华型冰淇淋及超级豪华型冰淇淋等相继面市，冰淇淋产品逐渐走向高级化，添加剂的使用量也锐减，更能确保冰淇淋食用的安全性。

举例来说，超级豪华型冰淇淋会使用品质更好的天然原料，即使是乳化剂也只会使用蛋黄，并且完全不使用安定剂。

然而还有一种不属于冰淇淋的冰品——雪酪（Sherbet），必须特别注意其具有的着色剂的问题。红色106号、蓝色1号等带有数字的着色剂都归类属于煤焦色素，对健康可能会有不好的影响，不可不慎。

食用方法

●当做餐饮后的甜点

越是高级品，添加剂含量越少，但相对地含有糖质与脂肪也越多，也含有大量的砂糖。就糖分来说，无论是冰淇淋、冰牛奶或乳糖，都不会有太大的差异。所以不只是考虑到添加剂，也不能忽视糖质与脂肪对身体造成的影响。

　　冰淇淋最好是当做餐饮后的甜点来食用。若是当成饥饿时的消夜或日常零食，恐怕必须注意食用过量的问题！

日式煎饼（仙贝）

　　许多人认为，自古流传至今的日式煎饼中完全未使用添加剂，但事实上根本不是如此！

　　当然市面上还有许多不使用添加剂的日式煎饼，请尽量选择这些品质较佳的煎饼食用。

选择方法

●选择除了调味料以外不含其他添加剂的煎饼

　　日式煎饼中的食品添加剂包含：甜味剂（甜菊）、调味料（氨基酸）、着色剂（红色102号）、红花色素、红曲色素、焦糖色素、栀子花色素、红椒色素、甜味剂（甘草）、山梨糖醇、卵磷脂、酸味剂、乳化剂等。

　　若能选择不含调味料（氨基酸）在内的添加剂的煎饼，当然是最好不过了！然而若不去高级点心店等地选购是根本很难买到的。

　　因此可以基于"使用调味料（氨基酸），但未使用其他添加剂"这样的原则去选择日式煎饼。

食用方法

● "日式煎饼配茶"是最佳组合

在制作日式煎饼时，可能会因为加热而使调味料（氨基酸）变成有害物质，这可以借由茶叶中的维生素C来消除疑虑。此外，即使这些有害物质在人体内产生自由基，也可以借由茶叶中的儿茶素予以消除。

巧克力

深受小朋友喜爱的巧克力点心，从早期的片状巧克力产品，如今已经变化出琳琅满目的种类。究竟要选择哪一种产品才好呢？认清真相的方法不同，也会造成安心程度上的差异。

选择方法

●附赠玩具的巧克力糖果，其实有许多添加剂

巧克力中常见的食品添加剂有：卵磷脂、乳化剂、甜味剂（海藻糖、乳糖醇、甜菊）、干酪素钠、红曲色素、酸味料、山梨糖醇等。添加剂会使巧克力的原料变少，其他原料变多，这种巧克力点心如今越来越多。

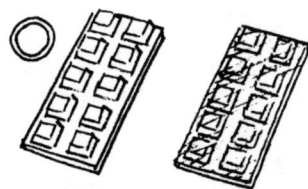

巧克力中到底哪一种成分较多？当然是脂肪的部分。若观察巧克力点心的原料标示，经常看到"植物性脂肪、砂糖……"这样的排列顺序吧！添加剂的标示是根据使用量多少来排列，因此在最前面的植物性脂肪使用量应该相当多。

再加上巧克力中也是用许多与动物性脂肪同样性质的棕榈油，所以食用过多的巧克力点心，除了会增加胆固醇之外，令人不安的是也有相当大的可能性会将残留添加剂摄取到体内。特别是专门给小朋友的附带小玩具的巧克力糖产品有相当多的添加剂，请注意别让小朋友随便乱吃。

●白色巧克力与苦味巧克力，哪一种的添加剂较少?

巧克力会与其他物质混合制成点心，因此单纯的片状巧克力反而吃起来比较令人安心。若从巧克力的种类来看，最令人安心的莫过于白巧克力。因为白巧克力中不只添加剂少，糖分也较少。白巧克力所以会呈现白色，是因为见到的是包含于可可浆（Cacao Mass）中的乳白色可可脂（Cacao Butter）的颜色。由于这部分苦味较少，因此不需要额外加入大量的糖。

相反地，令人意外的是糖分较多的却是黑巧克力。由于黑巧克力使用可可中苦味最强的部分，为了取得甜度平衡，因此必须加入大量砂糖。

※阿斯巴甜（Aspartame）
　　美国所开发的合成甜味剂。在美国、法国、加拿大等20个以上国家获准使用。日本虽然在1983年同意可以使用阿斯巴甜，然而在其安全性方面却经常受到议论。将阿斯巴甜溶解于水中，就会变成"Diketopiperzine"的物质，用于进行老鼠实验时，老鼠体重增加者会变得迟钝、食欲衰退、淋巴细胞数与心脏的重量等都会减少。

糖果

虽然使用煤焦色素的糖果食品已经大幅减少，使用天然着色剂的产品则增加，然而市面上仍充斥许多被认为是"非安心食品"的糖果。

选择方法

●选择砂糖、麦芽糖原料中不含着色剂的糖果

糖果上常见的食品添加剂有：着色剂（花青素、胡萝卜色素、栀子花色素、姜黄色素、红甘蓝色素）、红花黄色素、红曲色素、栀子花蓝色素、紫玉米色素、乳化剂、酸味剂、甜味剂（甜菊）等。

糖果是必须以砂糖与麦芽糖为主要原料的产品。高温熬煮的成为水果糖或糖球，低温熬煮的成为牛奶糖。近来出现许多令人安心的糖果产品，颜色鲜艳的水果糖也开始减少使用合成着色剂，改用天然着色剂。

另一方面，却有令人不得不注意之处，就是给幼儿食用的糖果玩具组合内竟依然使用合成着色剂。也就是说，挑选糖果的重点，在于别选择使用"红色106号、黄色4号、蓝色1号"等合成着色剂的糖果。若能注意到这点，应该就暂时不会有添加剂方面的疑虑了。

甜味剂中的甜菊只会用于纯度较高的产品，因此大家食用时的不安与疑虑程度也会降低了！

食用方法

●在口中慢慢融化

糖果是在口中慢慢融化后食用。与唾液充分混合后，就稍微具有可以消除添加剂毒性的效果。

请大家记得给小朋友吃未使用着色剂或甜味剂的糖果！此外，从预防蛀牙的观点来看，软粘的牛奶糖易附着在牙齿上，所以糖球或水果糖较适合小朋友食用！当然也要控制食用量，别放任小孩一直吃！

口香糖

口香糖是在口香糖基材上加入软化剂、着色剂、甜味剂等制作而成的食品。可以说"口香糖"简直就是一整块的添加剂。咀嚼口香糖时会分泌唾液，可以直接消除添加剂造成的危害，因此无须太过担心其中含有令人感到不安的添加剂。

唾液具有减少添加剂
危害的力量耶!

选择方法

●别选择使用带有数字的着色剂或甜味剂的产品

口香糖中常见的添加剂有：甜味剂（阿斯巴甜、木糖醇、糖磺内酯钾）、着色剂（红花黄色素、类黄酮色素、栀子色素）、增稠剂（阿拉伯树胶）、软化剂、光泽剂、口香胶、磷酸钙、乳化剂。请选择不使用带有数字的着色剂（如红色106号）及未添加甜味剂（阿斯巴甜）的产品。

食用方法

●别一直持续咀嚼，没味道后就吐掉

口香糖的软化剂中可能会使用令人不安的丙二醇。因此希望大家能戒掉一直咀嚼口香糖的习惯。口香糖没味道后若还持续咀嚼，恐怕会溶解出口香糖中含有的丙二醇。

此外，最近也出现标榜无糖的口香糖，取代砂糖的是被认为仍有疑虑的"阿斯巴甜"。然而即使标榜无糖，并不代表它的热量就是零。

还有，虽然当做新品种甜味剂的木糖醇较不易使我们产生蛀牙，但并没有预防蛀牙的效果，与摄取其他糖分的结果是一样的。

为了小朋友的饮食安全，还是不要给他们零食吃好！

日式甜点、西式甜点

　　无论是日式甜点还是西式甜点，大多采取零售，因此能看到原料标示的机会相当少，或许有人因此认为这些点心中都未使用任何添加剂。但其实这些点心中许多是以着色剂等添加剂当做主要的食品原料。

选择方法

●与其选择大型工厂的产品，不如选择手工店的产品

　　日式甜点及西式甜点中常见的添加剂有：着色剂（煤焦色素、胡萝卜色素、婀娜多色素、红花色素、栀子色素）、凝胶化剂（黏多糖体）、乳化剂、酸味剂、香料等。

　　不提大量流通的产品，市面上还是可以发现少量制造、少量销售且完全不用任何添加剂的甜点。因此希望大家务必选择添加剂较少的产品。

食用方法

●日式点心配茶、西式点心配咖啡，安全性最高

　　因为甜点使用添加剂而为身体带来自由基的危害，所以要借助茶叶中的"儿茶素"与咖啡中的"多酚"来去除。

　　这种味觉上的平衡搭配，竟然也存在营养方面的意义。

表面带有小孔洞的饼干，含有的
食品添加剂较少。

饼干

饼干跻身于点心之列，虽然其所拥有的健康形象相当强，但只限于"硬饼干"！略有咬劲的硬饼干表面有许多小孔洞，是其特色所在。

选择方法

●幼儿也能安心食用的硬饼干

饼干中常见的食品添加剂有：膨胀剂、乳化剂、碳酸钙、磷酸盐、着色剂（红色106号、黄色4号）等。

至于较为湿润的饼干，是指软式饼干与奶油夹在一起食用的类型，以及如巧克力饼干等各式各样的种类。然而若要寻找不良添加剂较少、能安心给幼童食用的饼干，那就非表面有许多小孔洞的硬饼干莫属了！硬饼干那些如针孔般的孔洞，并非为了装饰之用，而是由于饼干原料经充分糅合后纹理较细腻，在烤饼干时空气不易散出，因此为了让空气顺利流出，遂刺出一些小洞。

相较于硬饼干，巧克力饼干与奶油夹心饼干等软饼干，除了使用大量令人感到不安的食品添加剂外，糖分与脂肪的含量也较多。

若真的要选择软式饼干食用，应避免选择标示含有红色106号、黄色4号等煤焦色素以及磷酸盐等添加剂的饼干！

食用方法

●与富含纤维质的水果或地瓜一起食用

　　食用糖分、脂肪含量较多的饼干时，可以搭配维生素E含量较多的芝麻、大豆食品、酪梨或食物纤维较多的烤地瓜、甜薯等一起食用，即可消除添加剂、糖分及脂肪带来的不安与疑虑。此外，在饮料方面可以选择钙质含量较高的脱脂牛奶，以均衡营养。

酸奶（优格乳）

　　酸奶是牛奶和脱脂牛奶利用乳酸菌发酵而成。目前市售酸奶的种类可说是琳琅满目，如加入水果等的软式酸奶、以寒天成分凝固的硬式酸奶、以乳酸菌发酵牛奶制成的原味酸奶、低糖低脂酸奶等，接着就来看看如何选择较恰当吧！

选择方法

●水果酸奶有使用添加剂的疑虑

　　酸奶中常见的食品添加剂有：甜味剂（甜菊）、黏多糖体、香料、酸味

在原味酸奶中加入新鲜水
果做成的自制水果酸奶，
食用时确实比较安心。

剂、着色剂等。

一人份的软式酸奶中并未使用寒天，虽然放入水果等成分，但却大量加入黏多糖体、甜味剂（甜菊）、香料、色素、酸味剂等添加剂。

相对地，持续畅销的"原味酸奶"只使用乳酸菌发酵牛奶制成，完全不含任何添加剂与砂糖。

食用方法

●以原味酸奶自制独特口味的酸奶

除了"原味酸奶"外，其他酸奶都会使用添加剂。此外，由于许多酸奶在制作过程中会使用砂糖，因此食用时必须注意是否摄取过多糖分。

最安全且营养价值也相当高的食用方法，就是在原味酸奶中加入自己处理过的水果或枫糖浆等。

若是加入食物纤维丰富的猕猴桃，甚至还能有助于吸附人体内的不良物质，并协助予以排出体外。

罐装咖啡

觉得有些疲劳时，很多人会想饮用罐装咖啡。电视广告也经常大力宣传罐装咖啡，然而万万没有想到，市售罐装咖啡中含的添加剂竟然相当多。

选择方法

●若要没有添加剂的产品，就选择无糖黑咖啡

罐装咖啡中常见的食品添加剂有：甜味剂（甜菊）、乳化剂、干酪素钠、抗氧化剂（维生素C）。还有并非属于食品添加剂但却经常使用的：甜味剂的添加剂（糖醇类）、赤藻糖醇、寡糖等。

若针对添加剂来考虑，无糖罐装黑咖啡会是最好的选择。

这是因为黑咖啡以外的罐装咖啡，在原料方面还会使用许多的乳化剂、甜味剂、甜菊、糖醇类等添加剂。

饮用方法

●在无糖黑咖啡中加入牛奶或蜂蜜

咖啡中含有能使中枢神经兴奋的大量咖啡因，因此一天内饮用数杯者必须特别注意。此外，为了保护胃黏膜，请避免空腹饮用。

若想饮用口味较甜的咖啡，也可以在无糖黑咖啡中加入牛奶或蜂蜜来调味。

碳酸饮料

电视播放的可乐广告，往往令人忍不住也想跟着畅饮一番，但是大家必须稍微改变一下这种既有想法。

选择方法

●请选择不含甜味剂、防腐剂的可乐

碳酸饮料中常见的食品添加剂有：焦糖色素、防腐剂（苯甲酸钠）、甜味剂（阿斯巴甜）、咖啡因、酸味剂、磷酸盐等。以往在碳酸饮料中常使用到磷酸盐，但现在已经不再使用了。

最安全的方法，当然是选择原料中未使用咖啡因与甜味剂且非可乐的碳酸饮料。若是有人无论如何一定要喝可乐，也请选择不使用甜味剂及防腐剂的可乐哟！

因为饮料中若使用了甜味剂，特别是阿斯巴甜之类的添加剂，大多还会同时使用可能对健康有危害的防腐剂——苯甲酸钠。

饮用方法

●小朋友及孕妇避免饮用含咖啡因的碳酸饮料

由于可乐类的碳酸饮料大多含有咖啡因，因此请勿让小孩们饮用。此外，孕妇对这些饮品也要有所节制。

清凉饮料

随着健康、减肥、自然轻食的风潮盛行，清凉饮料这种产品也风行于市面。它可分为补充营养的机能类饮品，以及在水中加入水果味道的果汁类饮品（果汁水），但这些饮料对身体真的好吗？

选择方法

●不要受零热量所迷惑

清凉饮料中常见的食品添加剂有：甜味剂（蔗糖素、醋磺内酯钾、甜菊、阿拉伯树胶）、蔬菜色素（茄红素）、抗氧化剂（维生素C）、酸味剂、柠檬酸、乳酸钙、氯化钾、调味料（氨基酸）等。

清凉饮料是指"如水般透明，具有甜味但热量低的饮料"，可分为机能类与果汁类。

这两种饮料的选择重点，都是依下列两种方法进行：（1）原料名称中没有甜味剂标示者。（2）营养成分标示中的热量较低者。

许多清凉饮料产品强力标榜"零热量"，想引消费者上当，但千万别受这几个字诱惑！因为若热量较低，表示会使用较多的甜味剂，清凉饮料使用的甜味剂有许多新的添加剂，目前还处于安全性尚未有定论的情况。

另一方面，若是热量较高的饮料，以一瓶容量为500毫升来说，随便喝两瓶就有可能超过一碗饭（约60千焦）的热量。

饮用方法

●大口畅饮低热量饮料，也会摄取过多热量

首先要仔细确认该产品的"原料名称与热量"标示！炎热的夏日会令人想畅快豪饮大瓶装清凉饮料，然而这往往是造成热量摄取过多的原因。虽然"给身体优质的水分补充"这类口号相当响亮，然而对身体来说，真正最自然的还是饮用茶或牛奶等饮品较好！

※功能性饮料
　　由运动饮料衍生而来，是一种口感清爽的饮料。饮料中添加一些特定成分，特别是对健康、减肥、美容等有效果的成分，所以大多称功能性饮料。然而制造商尚未针对这种饮料有明确具体的定义。

※对羟基苯甲酸
　　被当做化妆水、食品等的防腐剂的一种物质。

功能性饮料

　　这种在并非属医疗药品的营养补充饮品中，也使用了许多令人担心的添加剂。人体必需的营养成分，原则上还是从日常饮食中摄取较好。

选择方法

●这简直就是"不健康的饮料"！

　　功能性饮料中常见的食品添加剂有：焦糖色素、柠檬酸、香料、乙醇、丙二醇、着色剂（胭脂红色素）、苯甲酸钠、对羟基苯甲酸等。

　　在营养补充饮品中，常使用到尚未确认对人体健康安全是否有影响的食品添加剂。例如丙二醇、当做防腐剂的苯甲酸钠，或是对羟基苯甲酸等，这些不曾使用于泡面等食品中的添加剂，却使用于功能性饮料中。

　　如此来说，这些"健康饮料"根本就是不健康的饮料！饮用前请务必先仔细确认产品标示！

　　号称涵盖铁质、钙质、食物纤维、寡糖、维生素C等营养补给品的饮料，现在也如雨后春笋般陆续上市。但根据制造商不同，饮料实际的营养含量也有相当大的差异。以铁质来说，含量少的制品与含量多的相比，浓度竟然差距近200倍之多！其中有的产品剂量竟然是成人一日必须摄取量的2倍！钙质方面据说有多出160倍的情况。虽然内含营养素太少几乎没有任何效果，但营养素太多也有可能对人体造成危害。

饮用方法

●并非以营养补充为目的，根本就是成人的嗜好饮品

若是懒于仔细计算营养含量及确认添加剂等，即使喝了这些功能性饮品也不会获得什么效果！然而这么做的确是相当麻烦的事。人体必需的营养成分，原则上还是从日常饮食中摄取最好。此外，部分的功能性饮料中含有咖啡因或酒精成分，请注意不要让小朋友误饮。

4章

战胜自由基、
提高免疫力的饮食法

在何种情况下，人体内不会生成大量的自由基呀？

自由基生成后会对人体有什么样的影响吗？

在之前的章节中曾经提及，食品添加剂、农药、抗菌物质、二噁英等有害物质，都会成为体内产生自由基的原因。

身处在目前这种压力大的社会中，即使非常努力地不让食品添加剂等自由基来源侵入体内，但要打造一个完全不生成自由基的体内环境却相当困难。

因此在这一章中，就来谈谈即使一不小心吃到有害物质也无须紧张，不被自由基打倒的防护措施吧！

认识自由基

●自由基对异物和细胞会一视同仁猛烈攻击

人类借由呼吸这一动作，在空气中汲取约20%的氧气，得以存活下去。氧气是维持生命的原动力。然而当身体吸收这些氧气后，就会将其中的1%~2%转变为自由基，并产生强力的氧化。

体内生成自由基的原因
▶ 将食物转变为能量
▶ 农药与食品添加剂等侵入体内
▶ 吸入空气中的污染物质
▶ 抽烟
▶ 喝酒
▶ 压力累积
▶ 接收大量的紫外线
▶ 处于放射线环境中
▶ 接收了微波炉、电视、自动化办公机器、手机等的电磁波
▶ 身体产生发炎症状
▶ 因激烈运动吸入过多氧气

自由基生成过程与对健康的危害

自由基				
种类	超氧化物自由基	过氧化氢	氧自由基	单重态氧
生成过程	① 人体使用酵素，以细胞色素P450（Cytochrome p450）将食品添加剂、农药、环境污染物质、酒精灯转变为无毒性时。 ② 消除吸烟产生的尼古丁时。 ③ 使用体内酵素产生能量时。 ④ 承受压力时。 ⑤ 贫血后。 ⑥ 发炎症状后。	用酵素SOD（超氧化物歧化酶）消除超氧化物自由基时。	① 过氧化氢与铜、铁金属离子反应时。 ② 过氧化氢与氮氧化物发生反应时。 ③ 除草剂（Paraquat）、杀虫剂进入体内时。 ④ 受到紫外线、放射线照射。 ⑤ 超氧化物自由基与氧气自由基所产生的反应。	① 紫外线、放射线照射等。 ② 超氧化物自由基与过氧化氢所产生的反应。 ③ 超氧化自由基与氧自由基的所产生反应。
对健康的危害	皱纹等 雀斑 异位性皮肤炎 糖尿病 失智症 白内障 老化 动脉硬化 癌症			

在人体内产生的自由基，会先成为超氧化物自由基（Superoxide radical），接着再逐渐依序变成超氧化氢、氧自由基（Oxygen free radicals）及单重态氧。

自由基并非完全是坏东西，它也会打击侵入体内的细菌等外来敌人。虽然自由基是人体必需的物质，但若含量过多，就会造成细胞与基因氧化形成损害，成为各种疾病的根源。

●预防自由基带来的危害

既然如此，如何预防自由基生成呢？

大致上可以区分为以下两种方法：

▶ 尽量避免食品添加剂与农药等有害物质侵入体内。控制烟瘾、不要累积身心压力等，打造不易产生自由基的体内环境。

▶ 为了预防自由基产生的危害，必须利用脱氧剂作为自由基清道夫的效果。

接下来就针对脱氧剂进行具体说明！

不被自由基打倒的食材

●脱氧剂（Scavenger）分为3种

"Scavenger"一词原意是指"清道夫"。当用于消除自由基的时候，则有"自由基清道夫"的意味，表示其"脱氧（抗氧化）的作用。

对自由基来说，"脱氧剂"分为以下3种。

① 脱氧酶

② 脱氧维生素

③ 脱氧成分

这3种究竟有什么不同呢？

① 可增加脱氧酶的食物与组合

脱氧酶主要含有超氧物歧化酶（Superoxide dismutase；SOD）、过氧化氢酶（Catalase；CAT）、谷胱苷肽过氧化酶（Glutatione peroxidase；GPX）

增加脱氧化酶的食材

● 氨基酸评分为 100，富含优质蛋白质的食材

竹荚鱼、沙丁鱼、鲣鱼、鲽鱼、金眼鲷鱼、生鲑鱼、鲭鱼、鲭鱼、秋刀鱼、小沙丁鱼干、鲷鱼、刀鱼、鳕鱼、鲕鱼、鲹鱼、黑鲔鱼、裙带菜、牛肉、猪肉、鸡肉、鸡蛋、牛奶、木棉豆腐、油豆腐、纳豆、豆腐渣、豆浆、鱼板（不含淀粉者）、生奶油（乳脂肪）、酸奶、加工乳酪等

● 富含可作辅酶的矿物质铁、铜、锌、锰、硒的食材

青紫苏、细香葱（香葱、细葱）、明日叶（明月草）、青葱、毛豆、秋葵、绿花椰菜、绿芦笋、牛蒡、荷兰芹、茶、油豆腐、豆腐渣、豆腐、青海苔、蛤、沙丁鱼、牡蛎、小沙丁鱼干、干海苔、干羊栖菜、扇贝、竹荚鱼等。

这3种酵素。它们并不存在于食物中，而是必须经由人体内部自行合成。

目前已知，若将优质蛋白质与可作辅酶的矿物质一起食用，既可促进人体内自行合成脱氧剂。

"超氧歧化酶"来自优质蛋白质加上锰、铜、锌等。

"过氧化氢酶"来自优质蛋白质加上铁。

"谷胱苷肽过氧化酶"来自优质蛋白质加上硒。

上述就是各种能增加脱氧酶的组合搭配。

也就是说，若能将优质蛋白质与富含铁、铜、锌、锰、硒的食材搭配食用，就能同时合成所有的脱氧酶了。

在上面的表中，列出富含优质蛋白质（氨基酸评分为100分=全部能转换为氨基酸，效率良好的优质蛋白质）的食材，以及兼具多种可作辅酶的矿物质的食材，请大家参考。

由于脱氧酶必须在人体内才可生成，因此请大家在日常料理中大量加入表中的食材！

② 脱氧维生素无法在人体内制造

脱氧（抗氧化）维生素是指维生素A、维生素B_2、维生素C、维生素E等。

这些维生素大部分无法在人体内制造，因此摄取富含这些维生素的食物就显得相当重要。

以下这些食材都相当有效：青紫苏、细香葱、明日叶、毛豆、西洋南瓜、小松菜、水芹、荚豌豆、萝卜叶、大蒜茎、干海苔、荷兰芹、白花椰菜、菠菜、菜用麻黄等。

③ 脱氧成分

脱氧成分也是在人体内几乎无法自制，包括叶黄素（Xanthophyll）、姜黄素（Curcumin）、谷胱苷肽（Glutathione）、多酚类等。请大家多利用含有这些成分的食材！

含有脱氧成分的食材，如下所示：

叶黄素——南瓜、生鲑鱼、鲑鱼子、蛋黄等。

姜黄素——咖喱粉

谷胱苷肽——白花椰菜、菠菜。

多酚类——茶、大豆、柑橘、咖啡、可可亚、红酒、蓝莓等。

目前世界各国都在研究最有效率且有效果的抗氧化料理。有人认为最终的结果应该会指向日式饮食（和食），特别是"日本阿嬷的智慧食谱"目前

担当人体免疫系统主角的是血液中的白细胞。若将白细胞的组成架构进一步分类，结果发现，特别在免疫系统中担任重要角色的是其中的巨噬细胞（Macrophage）及自然杀伤细胞（NK）及T细胞。

免疫系统架构

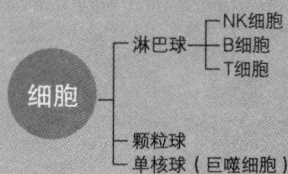

细胞
- 淋巴球
  - NK细胞
  - B细胞
  - T细胞
- 颗粒球
- 单核球（巨噬细胞）

可说在全世界都获得相当高的评价！

提高免疫力的饮食方法

前一节中已经提出可以减少自由基的防护对策。在此则针对一些前述方法仍无法去除且会危害健康的部分，整理了作为安全体系的最后防护手段——提升免疫力的饮食方法。

借此应该可以消除各位对食品添加剂的担心。

但究竟什么是"免疫"呢？

●借饮食提高免疫力

人体内拥有监控及预防会通过病毒感染、自由基等引起健康危害与细胞癌化等的防御系统。这系统就是所谓的"免疫系统"，而让此系统运作的能力即称为"免疫力"。

虽然一般普遍认为，免疫力会随着年龄增长而逐渐衰退，但其实不需过于担心。因为我们还可以通过饮食来提升免疫力！

借助饮食提升免疫力，共有6种方法。

① 均衡摄取各式各样的食物

这是所有饮食的根本。无论大家的身体如何健壮，如果仅摄取某些种类的食物，将导致营养不均衡，人体将因而无法充分活用所摄取的营养素。

② 每日食用"氨基酸评分为100分"的优质蛋白质

　　若要增强免疫细胞，就必须有各种氨基酸。在每日饮食中，务必要加入效率较高的氨基酸评分（Amino acid score）100分的优质蛋白质。

③ 每日摄取3种以上的植物纤维

　　植物纤维是一种能活化白细胞的成分，因为有助于增加血液中的白细胞而备受瞩目。所谓植物纤维是指蔬菜、水果中富含的"非营养成分"，也就是类黄酮色素及多酚类等物质。

　　植物纤维主要有3种作用，其中一种是可以提高白细胞运作，也就是能提升免疫力的力量。此外还具有能抑制致癌、抑制癌细胞增生、使致癌物质无害化等效果。所以每天应摄取3种以上富含植物纤维的蔬菜！

④ 尽可能每天食用一种菌类

　　无论是草菇、香菇、舞茸（灰树花）、金针菇、滑菇等都可以，每天都要让它们在餐桌上哟！菌类具有能提高免疫力的多糖体 β–葡聚糖（Glucan），特别是舞茸中还含有可以活化免疫力的多糖体——D，馏分（D-Fraction）。

⑤ 常食用海藻或黏滑蔬菜

海藻类的海带、紫菜、海藻、裙带菜等具有黏滑成分，其中含有提高免疫功能的褐藻糖胶。紫菜并富含可让癌细胞自行毁灭的U-褐藻糖胶。

秋葵、菜用麻黄、扁山药（大和芋）、芋头、莼菜等食用时觉得黏滑的蔬菜中，皆含有称为黏蛋白（Mucin）的物质，也具有提高免疫力的作用。

芋头还含有丰富的半乳聚糖（Galactan）成分，可以提高免疫力，预防癌细胞增生等。

⑥ 每日食用发酵食品

酸奶、米糖酱菜豆豉、纳豆、味噌、泡菜、红曲等属于发酵食品。其中酸奶具有包含双歧杆菌的好菌——益生菌（Probiotics），可以提高免疫力及抗变异原性；米糠酱菜中则含有可提高免疫力的乳酸菌。

至于含有氨基酸成分中精氨酸（Arginine）的纳豆，同样对提高免疫力极有帮助；味噌中的类黄酮色素不仅能提高免疫力，也被认为具有能抑制乳癌及肝癌生成的作用。

自己动手做提高免疫力食谱

接下来我将列举几道只要十几分钟就能轻松上桌的简单食谱。无论你是学生或初入社会的女性上班族等忙碌人士，这些都是让不擅长烹调的人也能快速完成的食谱，而且大多选用含丰富植物纤维的食材，所以也是有效帮助提高免疫力的食谱。

当你食用真空包装的熟食、市售便当或泡面时，若脑中闪过"只吃这些真令人担心自由基的危害"时，请务必在你的餐桌上多加一道下列食谱的料理。所有想拥有健康生活的人们，也请务必每天多加利用这些料理当做配菜使用！

此外，由于个人喜好不同，砂糖、精盐、酱油等调味料请适量使用。

炒什锦菇

材料 *材料皆为两人份

草菇……100克

香菇……100克

金针菇……100克

舞茸……100克

魔芋……100克

芝麻……1大匙

色拉油……1大匙

精盐、酱油……适量

做法

① 切除所有菇类的根部，再切成小块，金针菇则从中间切半。

② 去除魔芋涩味后，切成片状。

③ 平底锅中铺一层油后，加入做法①、②拌炒。

④ 待菇类软化，加入酱油调味，最后撒上芝麻即成。

提高免疫力的食材

▷草菇——具有促进免疫力的β–葡聚糖

▷香菇——具有促进免疫力的香菇多糖

▷金针菇——具有促进免疫力的β–葡聚糖

▷舞茸——具有促进免疫力的β–葡聚糖

▷芝麻——具有提高免疫力的木酚素

微波炉煮白菜

材料 *材料皆为两人份

白菜……4片	内酯豆腐……半块
鸡肉馅……100克	胡萝卜……30克
香菇……2朵	葱……1/4根
蛋黄……1个	淀粉……2小匙
水……2小匙	精盐、酒、酱油……适量

做法

① 充分去除内酯豆腐的水分。

② 切碎胡萝卜、香菇、葱。

③ 在碗中倒入做法①、②的材料，再放入肉馅、蛋黄、淀粉、精盐、酒、酱油等，充分搅拌。

④ 白菜一片一片地剥下后，将做法③的材料放在白菜上，再一层一层叠起。

共叠3层，最上层再铺一片白菜，放入耐热碗中，盖上保鲜膜，放入微波炉。

⑤ 待白菜呈透明状时取出，产生的汤汁倒入小锅内。

⑥ 在小锅中倒入水或高汤，再加精盐、酱油调味，最后再加入淀粉勾芡。

⑦ 将做法⑤的白菜切成适当大小后，淋上做法⑥的芡汁即成。

提高免疫力的食材

▷白菜——具有活化免疫力效果的含硫化合物异硫氰酸

▷内酯豆腐——具有培养免疫力的优质蛋白质

▷鸡肉馅——具有培养免疫力的优质蛋白质

▷胡萝卜——具有活化免疫力的β-胡萝卜素

▷香菇——具有促进免疫力的香菇多糖

▷葱——具有活化免疫力的含硫化合物：半胱氨酸亚（Cysteine sulfoxide）类

▷蛋黄——具有培养免疫力的优质蛋白质

119

虾卵炒豌豆荚

材料 *材料皆为两人份

豌豆荚……10个　　　　虾……6尾

蛋黄……2个　　　　　长葱……半根

鸡精（或香菇精）……1大匙

色拉油……1大匙　　　精盐……适量

做法

① 剥去豌豆荚的须丝，加精盐稍微煮过。

② 剥去虾壳，划开背部取出泥肠。

③ 葱对半切段，再斜切成薄片。

④ 平底锅上铺上一层油后，倒入蛋黄炒到半熟。

⑤ 取出半熟蛋另放，葱与虾放入锅中拌炒。

⑥ 半熟蛋倒回做法⑤的锅中，再放入豌豆荚，最后以鸡精和精盐调味即成。

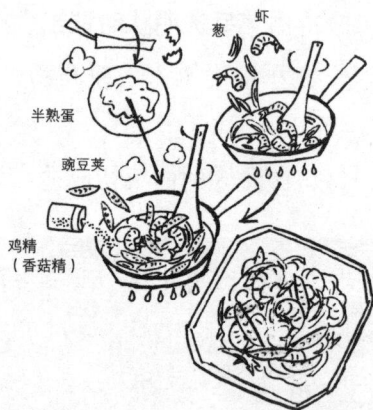

虾
葱
半熟蛋
豌豆荚
鸡精
（香菇精）

提高免疫力的食材

▷豌豆荚——具有活化免疫力的β-胡萝卜素

▷蛋黄——具有培养免疫力的优质蛋白质

▷长葱——具有活化免疫力的含硫化合物半胱氨酸亚类

花椰菜火腿沙拉

材料 *材料皆为两人份

绿花椰菜……150克

白花椰菜……150克

火腿……4片

调味酱汁材料

胡萝卜……150克

大蒜……1瓣

醋……1大匙

色拉油……1大匙

精盐、胡椒、砂糖……适量

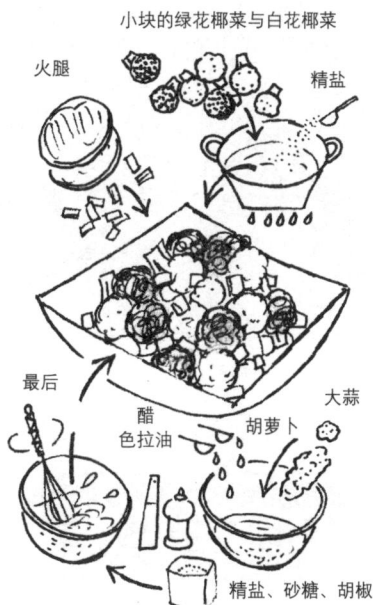

小块的绿花椰菜与白花椰菜

火腿

精盐

最后

醋
色拉油

胡萝卜

大蒜

精盐、砂糖、胡椒

做法

① 绿花椰菜与白花椰菜切成小块，加精盐稍微煮过。

② 火腿切成适当大小。

③ 胡萝卜与大蒜磨成泥。

④ 将做法③放入碗中，加入醋、色拉油、精盐、胡椒、砂糖拌匀。

⑤ 煮过的花椰菜与火腿装盘，淋上做法④即成。

提升免疫力的食材

▷白花椰菜——具有活化免疫力效果的含硫化合物：异硫氰酸（Isothiocyanate）

▷绿花椰菜——具有活化免疫力效果的含硫化合物：萝卜硫素（Sulforaphane）

▷火腿——具有培养免疫力的优质蛋白质

▷胡萝卜——具有活化免疫力的β–胡萝卜素

▷大蒜——具有提高免疫力的含硫化合物：蒜素

青江菜干贝羹

材料 *材料皆为两人份

青江菜……2把　　　　　　　水煮干贝罐头……1小罐（碎肉）

长葱……半根	生姜……1片
鸡精（或香菇精）……1大匙	色拉油……1大匙
水……2小匙	淀粉……2小匙
精盐、酒……适量	

做法

① 青江菜切大块，加精盐稍微煮过。

② 长葱对半切段，再斜切成薄片。生姜磨成泥。

③ 平底锅铺上一层油，放入葱拌炒，并加少量的水。

④ 在做法③中倒入干贝罐头的汤汁，并加入鸡粉及姜泥。

⑤ 加入精盐、酒调味后，以淀粉勾芡即成。

提高免疫力的食材

▷青江菜——具有活化免疫力的β-胡萝卜素

▷长葱——具有活化免疫力的含硫化合物半胱氨酸亚类

▷生姜——具有提高免疫力的姜辣素（Gingerol）

芥菜汤

材料 *材料皆为两人份

芥菜……4个   芥菜叶……适量

培根……2片   大蒜……1瓣

高汤块……1块   色拉油……1大匙

水……400毫升   精盐、胡椒粉……适量

做法

① 每个芥菜切成4等份。

② 培根切丝，大蒜切碎。

③ 锅内放入少量的色拉油，加入蒜与培根一起拌炒。

④ 加入芥菜一起炒，并倒入400毫升的水，放入高汤块。

⑤ 等芥菜煮软，再撒上精盐和胡椒粉调味。

⑥ 最后加入适量芥菜叶即成。

提升免疫力的食材

▷芥菜叶——具有活化免疫力的β-胡萝卜素

▷培根——具有培养免疫力的优质蛋白质

▷大蒜——具有提高免疫力的含硫化合物蒜素

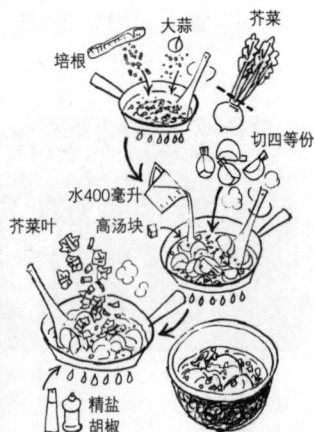

辣炒萝卜

材料 *材料皆为两人份

萝卜……100克

萝卜叶……适量

猪肉（碎肉、切丝）……100克

红辣椒（切圆片）……适量

色拉油……1大匙

酱油、精盐……适量

做法

① 萝卜切大块，萝卜叶切丝。

② 猪肉切丝。

③ 平底锅里铺一层油，生炒红辣椒，再放入猪肉。

④ 待猪肉颜色变化后，加入萝卜拌炒。

⑤ 放入调味料后，盖上锅盖，以小火蒸煮。

提升免疫力的食材

▷萝卜——具有活化免疫力效果的含硫化合物异硫氰酸

▷萝卜叶——具有活化免疫力的β-胡萝卜素

▷猪肉——具有培养免疫力的优质蛋白质

▷红辣椒——具有提高免疫功能的辣椒素（Capsaicin）

芝麻芋头

材料 *材料皆为两人份

芋头……6个

芝麻……1大匙

味噌……2大匙

砂糖、酱油……适量

芋头6个

芝麻

磨碎

味噌
砂糖
酱油

做法

① 芋头先煮过，然后剥去外皮，切成5毫米的薄片。

② 芝麻放入钵内，充分磨碎。

③ 在做法②中放入砂糖、味噌、酱油，充分搅拌。

④ 在做法③中放入芋头混合而成。

提升免疫力的食材

▷芋头——具有提高免疫力的黏液素

▷芝麻——具有提高免疫力的木酚素

▷味噌——具有提高免疫力的类黄酮成分

酪梨拌纳豆

材料 *材料皆为两人份

酪梨……1个

纳豆……1包

柠檬……适量

山葵……适量

酱油……适量

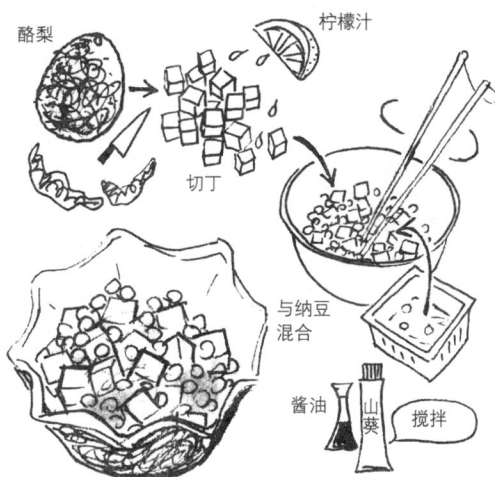

做法

① 剥去酪梨外皮，然后切丁。

② 酪梨丁淋上柠檬汁。

③ 放入纳豆充分混合，再加入山葵、酱油搅拌。

提升免疫力的食材

▷酪梨——具有大量提高免疫力的维生素E

▷纳豆——具有活化免疫力效果的纳豆激酶

▷山葵——具有活化免疫力效果的含硫化合物黑芥子素（Sinigrin）

卷心菜炒小鱼干

材料 *材料皆为两人份

卷心菜……1/4个

小鱼干……30克

日式面汁……2大匙

色拉油……1大匙

小鱼干
30克

卷心菜1/4个

色拉油

日式面汁

做法

① 卷心菜切好。

② 平底锅里放入少量的色拉油，拌炒卷心菜。

③ 待卷心菜煮软，再加入小鱼干，并加入日式面汁调味即成。

提升免疫力的食材

▷卷心菜——具有活化免疫力效果的含硫化合物异硫氰酸

▷小鱼干——具有培养免疫力的优质蛋白质

5章

"此时此刻如何是好"
食品添加剂Q&A

我将在本章回复至今每次演讲时大家询问的一些问题。

本书阅读到此，大家应该已经对如何与食品添加剂和平共处有基本理解了吧！因此在本章中除了复习之外，大家也可以一起试着具体地与自己的生活对照着看看！

Q₁ 必须持续食用外卖便当时该怎么办？

我先生（51岁）是位忙碌的业务员，午餐经常在外吃便当。除了有点担心他的青菜摄取量不足，我也很在意便当中使用的添加剂。若想减少添加剂的危害，该怎么办才好呢？

A 当然是能自备午餐最好了！但想必这有许多原因阻碍吧！如果你先生必须经常食用外卖便当，请在他的公文包中放入"青海苔粉"或"紫苏粉"吧！无论是海苔或紫苏，都具有可以减少有害物质毒性与降低自由基危害的效果。

如果可以，最好在吃便当时喝一杯内含裙带菜或菠菜等配料的即饮味噌汤！除了可以提高免疫力，也能减少添加剂等物质的伤害程度。

Q₂ 添加剂危害最少的是哪一种便当？

我是21岁的男大学生。在读研究生时，通常会去学校的便当店买便当。我喜欢吃炸鸡便当、炸猪排便当、烤肉便当等。前阵子稍微瞄到店内厨房的状况，发现炸鸡及部分油炸食物似乎使用供商业用途的大包装冷冻食品。我有点担心添加剂的问题，请问炸鸡、炸猪排和烤肉哪一种口味内含的添加剂较多？鲑鱼便当的鲑鱼等食材又是如何呢？

A 不论哪种便当，使用的添加剂危害程度可说是五十步笑百步！如一定要挑一种，没有着色剂标示（未使用着色剂）的鲑鱼便当或许好些。

　　但不论选择哪一种便当，都可以配一杯内含裙带菜等配料的即饮味噌汤或一份马铃薯沙拉。食用完毕后，请不要饮用果汁之类的饮料，改饮用绿茶吧！这样做可以帮助你减少自由基造成的危害。

Q₃ 如何食用进口水果才好？

　　我是25岁的女性上班族。为了美容效果，我每天早上都会吃葡萄柚。不过进口水果似乎农药较多。听说吃水果对皮肤很好，所以我想持续食用，是否能通过食用方法或切水果的方法来降低农药的危害呢？此外，产地不同是否也会有所差异？

A 食用进口水果的担心来自于采收后（Postharvest）使用的防霉剂。然而防霉剂并不会渗透到果肉内部，因此只要洗净水果表皮、剥去外皮，就不用太担心。此外，这样的做法没有产地的差别。

Q₄ 薯片等因种类不同会有不同的添加剂吗？

　　本地儿童联谊会将举办同乐会，我想给小朋友准备些零食，当然最不可少的就是大家都喜欢的薯片了！我想尽量找添加剂较少的薯片产品，市面上有海苔盐等清爽口味，还有浓汤、BBQ等多种口味，该如何选择呢？为了减少薯片等零食的添加剂危害，搭配什么饮料较恰当呢？

A 一般来说，几乎完全吃不出马铃薯味、风味越重的薯片，使用的添加剂越多。若要给小朋友们吃，最好选择盐、海苔盐等简单口味较恰当！这几种简单口味大概只会用一些调味料（氨基酸）等的添加剂。

此外，用以搭配点心一起享用的饮料，请不要用含有着色剂、甜味剂的果汁，建议选择含有类黄酮色素的绿茶！茶叶具有减少自由基危害、提高免疫力的效果。

Q5 如何才能将令人不放心的干货类安心地端上餐桌？

邻居赠送旅行带回的特产——竹荚鱼一夜干（日本名产竹荚鱼干），但不知其中是否含有添加剂或防腐剂。我该如何食用才能避免危害呢？

A 干货类偶尔会用"防腐剂（山梨酸钾）或磷酸等添加剂，因此要十分注意原料的标示。若有觉得不太放心的干货类食品，不要与腌制物一起食用，避免产生致癌物质的担心。鱼皮经高温烧烤后，也令人担心会生成"吲哚（TrP-P-1）"，如果搭配萝卜泥食用，即可消除这种担心。

完整蔬菜在烹调上就没有任何差异了。

Q8 如何选择方便又便宜的去皮根茎类蔬菜？

芋头、竹笋、莲藕等去皮后立即可食用的蔬菜，实在相当方便！如今市面上还出售已经去皮并包装好的，甚至还有已经煮熟并包装好的或是冷冻的多种形式，若考虑到添加剂危害，您最建议使用哪一种？

A 一般来说，连锁超市出售的产品，无论是水煮过的或是冷冻的，都不需要太担心。业者偶尔会以柠檬酸当做添加剂，但这并不会产生太大问题。就加工方法来说，最安全的要属在前段处理过程中已经过烹煮的冷冻食品。虽然煮过的冷冻包装食品与未煮过的冷冻包装食品，在价格上前者稍微高些，不过因为是已经过烹煮且农药已去除的冷冻食品，因此可以安心直接使用。

Q9 担心减肥食品中有什么添加剂？

因为想穿着比基尼泳衣迎接夏天，所以目前正在减肥中。减肥食品的主食是将大豆、麦麸凝固后制成的减肥用咸饼干及蔬菜汁。但像这样的减肥食品，经压碎、凝固、调味，应该使用了不少添加剂吧？

A 这可说是一种"担心相对"论！
对一些添加剂感到不安，胡乱减肥及营养不均衡等对健康的危害不是更大吗?

　胡乱减肥的结果,只有体重减轻了,却因为没有好好地从食物中摄取到抗氧化的维生素及脱氧剂,根本就谈不上所谓的健康。请重新审视一下你的减肥方法吧!

Q10 营养补充食品中也有添加剂吗?

　近来因为上了年纪而感到体力不足,为了补充营养,开始服用营养补充食品,如维生素C、B族维生素以及辅酶、大豆异黄酮、卵油、蒜精胶囊,甚至为了皮肤好还吃胶原蛋白。然而它们的价格各有不同,产品背后的标示也各式各样。若希望能摄取到天然的产品,要如何选择添加剂较少的营养补充食品呢?

A

营养补充食品中常使用的食品添加剂,包括黏稠剂、粘多糖体、甜味剂、着色剂等。首先请先确认该食品中是否含有本书列为"令人感到担心的添加剂"。由于营养补充食品本身就是一种加工食品,因此不可能完全未使用任何添加剂。然而若使用的并非本书中提及的不好的食品添加剂,就不需要过度担心。

Q11 在百货公司地下街抢购了半价熟食,请问熟食是否会出现食品添加剂的危害?

　我最期待百货公司或超市熟食区在闭店前30分钟进行的半价活动!

Q15 便利商店销售的御饭团中，哪一种的添加剂较少？

我是一名大学生，对我来说最简单的用餐方式，就是以梅干或鲣鱼口味的御饭团配生姜片。我也喜欢鲔鱼蛋黄酱、鲑鱼卵、芝士鲣鱼等口味。在享用上述这些御饭团时，必须担心哪些添加剂呢？如果想同时吃御饭团与喝瓶装饮料，该如何选择较恰当呢？

A 若是以"添加剂危害较少"的标准来看，最令人放心的应该是梅干、鲣鱼等口味的御饭团了。虾蛋黄酱等由生鲜食品组合的御饭团，无论如何内含的添加剂量都会越来越多！话虽如此，对年轻人来说，纵使吃梅干御饭团应该也会腻吧！所以在饮料方面，也要尽可能地防范来自添加剂的危害！你可以选择内含裙带菜、菠菜等配料的味噌汤，并且与绿茶一起食用！

Q16 选择什么样的速食餐点最令人放心？

我知道汉堡店出售的食物其实对身体不太好，但是家里小孩无论如何都想吃，因此我只想知道如何点餐可以减少添加剂的危害？此外，白天若已经吃了汉堡全餐，晚餐时吃什么比较好呢？

A 速食店出售的餐点经常改变，无法有个清楚的调查。结论就是：你只要知道，无论选择哪一种套餐，对添加剂的担心都会一样！特别是家里有小孩，希望你不要让他们太频繁地食用速食店的餐点。

重点不是吃完汉堡后该怎么办，而是应该在日常生活中就多多食用抗氧化料理及提高免疫力的料理。若能在平日用餐时就逐渐打造出不会为添加剂担心，偶尔依孩子们的期望愉快地外食，也很不错呀！

Q 17 烤肉？寿司烧？牛排？火锅？哪一种好？

家人预计举办庆祝父亲60岁大寿的寿宴。喜爱吃肉的父亲，希望能吃到牛肉料理。什么样的烹饪方法能让添加剂的危害较少？

A 谈到添加剂，最有问题的应该是烤肉和火锅中使用的腌酱与腌制酱汁了吧！

特别是在烤肉时，若蘸取了内含氨基酸等的调味料，恐怕会因为直火烧烤而改变蛋白质特性，并且产生有害物质！

无论是哪一种料理，都务必注意调味蘸酱中含有的添加剂。

举例来说，吃火锅时蘸取自制的酸橘醋酱等，就会比较放心了！

Q 18 有幼稚园小朋友喜欢的卡通人物图案的食物，食用时该注意什么？

现在市面上有面包超人、凯蒂猫等卡通图案的鱼板，小孩相当喜欢。但

139

食品添加剂不安度
简易指南

食品添加剂名称	别称、类别名称	用途名称	不安度	令人感到不安的原因
姜黄色素	郁金	着色剂	△	虽然变异原性为阳性，但是几乎不会达到令人感到不安的程度
异抗坏血酸钠	异体维生素C	抗氧化剂	△	有成为筛检实验黑名单的疑虑
邻苯基苯酚钠	Opp，邻苯基苯酚钠Opp，钠	防霉剂	●	对其致癌性方面有所疑虑
口香胶	以总括号名称标示	口香糖基材	○	不了解其中使用了哪些添加剂，对于不安的陈述不够明确
卡拉胶	角叉菜胶卡拉胶	增稠剂	△	被认为拥有间接致癌性，以及促使致癌，因而感到相当不安
焦糖	焦糖色素	着色剂	△	担心变异原性为阳性
碱水	以总括号名称标示	用于制造面条的咸性剂	△	含有磷酸化合物的可能性特别强烈，因而令人感到不安
甘草	甘草酸	甜味剂	△	对其变异原性方面有所担心
柠檬黄	黄色4号	着色剂	●	对其致癌性方面有所不安与疑虑。其带有会令阿司匹林诱发气喘患者产生过敏反应的主要物质，因而令人感到不安
日落黄	黄色5号			
黄原胶	黄原	黏稠剂乳化安定剂	○	实验较少，其不安性尚不明确
木糖醇	—	甜味剂	△	经由动物实验结果，若食用过量恐有造成白内障的疑虑
瓜尔胶	瓜尔豆胶	黏稠剂安定剂	○	实验较少，其不安性尚不明确
栀子	栀子色素栀子蓝色素栀子红色素栀子黄色素	着色剂	○	实验较少，其不安性尚不明确
甘胺酸	—	调味料防腐剂缓冲作用抗氧化剂	△	经由老鼠实验结果，会造成肌肉丧失紧张感、暂时性完全麻痹等不安
甘草酸钠	甘草酸钠	酱油味噌汤甜味剂	△	因为会对造成染色体异常而感到不安
胭脂红色素	洋红酸胭脂红	着色剂	●	变异原性为阳性。恐造成染色体异常

食品添加剂名称	别称、类别名称	用途名称	不安度	令人感到不安的原因
硫酸软骨素钠盐	硫酸盐软骨素	保水乳化安定剂	△	经由动物实验结果，显示会有致畸形性而感到不安
糖精钠盐	糖精	甜味剂	●	适用于腌制物、饮料等，为低热量的甜味剂。虽然暂时禁止使用，却又立刻被恢复使用。恐有致癌的疑虑
氧化铁	迷你氧化铁	着色剂	△	因在美国等国家禁止使用而感到不安
硝酸钾	硝酸钾	保色剂	●	会在视频中还原成亚硝酸，其疑虑与亚硝酸钠相同
联苯	DP	防霉剂	△	经由动物实验结果，恐对肝脏等有所伤害
鱼精蛋白	鱼精核蛋白	防腐剂	○	实验较少，其不安性尚不明确
丁基羟基甲苯	BHT	抗氧化剂	●	对筛检实验结果为黑色而有所疑虑
甜菊	—	甜味剂	△	即使纯角度较低，却仍有致癌性及造成不孕的疑虑
山梨酸钾	山梨酸钾 山梨酸	防腐剂	●	对筛检实验结果为黑色而有所疑虑。与亚硝酸同时使用时恐会引起突然变异的物质。使用于多种食物中，会令人担心可能食用过量
调味料（氨基酸）	以总括名称标示	提味用	△	谷氨酸钠（味精）。会令人感到不安的部分在于食用过量时，恐造成麻痹、头疼等"中国餐馆症候群"（Chinese restaurant syndrome）以及痛风，特别是与食用油一同加热时，被认为可能会产生变异原性物质
调味料（氨基酸）	以总括名称标示	提味用	△	所谓（氨基酸等）是指以谷氨酸钠为主的调味料，会令人感到不安的部分与谷氨酸钠相同
腐绝	TBZ	防霉剂	●	对于其会有致畸形性（兔唇、胃部溃疡愈合、手脚变短）等而感到不安
去水醋酸钠	去水醋酸钠	防腐剂	●	在国外禁止使用所引起的不安
叶绿素铜钠	叶绿素铜钠	着色剂	△	有急性中毒的疑虑
烟碱酸	烟酸	保色辅助剂	△	与保色剂（亚硝酸等）会有复合毒性而令人感到不安
二氧化硫	烟盐	防腐剂 漂白剂等	△	变异原性。由于会对肠胃刺激而感到有所不安
乳化剂	以总括名称标示 卵磷脂等	乳化 分散 浸泡 消光	△	对于为何要使用而感到有所疑虑。例如：由于奶酪等食物中也会使用缩合磷酸盐而令人感到不安